Das Genie der Honigbienen

ÉRIC TOURNERET – SYLLA DE SAINT PIERRE – JÜRGEN TAUTZ

Das Genie der Honigbienen

Aus dem Französischen von Claudia Ade

Für die deutsche Ausgabe überarbeitet
von Angelika Sust

Für Jean-Claude Ameisen, der uns mit seiner pädagogischen Begabung, poetischen Kraft und wissenschaftlichen Gründlichkeit eine großartige Inspirationsquelle war – auf unserer erstaunlichen Suche nach der Intelligenz der Bienen. Wir hoffen, dass dieses Buch mit seiner Schönheit und Authentizität seinerseits anderen Wissenschaftlern als Inspiration dienen möge.

Für Maurice Maeterlinck, dessen schillernde Metaphern uns das ganze Werk hindurch begleitet haben.

Éric Tourneret und Sylla de Saint Pierre

Vorwort

Nach der Lektüre des Buchs „Phänomen Honigbiene" von Jürgen Tautz habe ich das Wesen der Bienen mit anderen Augen gesehen. Meine bisherigen Kenntnisse wurden weitaus lebendiger und greifbarer und ich freute mich darauf, diese bezaubernde multidimensionale Welt mit einer umfassenden Fotoarbeit zu beleuchten.

Ich lernte, Bienen zu halten und reiste mit meinen Bienenstöcken und neuem Fotoequipment zu unberührten Orten in Südfrankreich. Mit Labyrinthen und Flugtunneln demonstrierte ich die Arbeit der Wissenschaftler. Ich konstruierte Bienenstöcke und setzte sanftes Licht sowie Methoden der Makro- und Mikrofotografie ein, um das im Inneren eines Bienenvolks Verborgene sichtbar zu machen ... Eines der faszinierendsten Fotos – die Befruchtung einer Königin im Flug – entstand mithilfe einer Kamerafalle auf einem Gerüst in 8 m Höhe. Nach tagelangem Warten erlebte ich wahre Glücksmomente, als ich zwei Stunden lang die Paarungsflüge der Bienen beobachten durfte.

Dieses Buch zu schreiben war eine Herausforderung, die Sylla großartig angenommen hat. Sie arbeitete eng mit Jürgen Tautz zusammen. Seine Arbeiten bildeten die Basis und wurden durch neueste wissenschaftliche Studien ergänzt[1]. Sylla stellte komplexe Forschungsergebnisse allgemein verständlich und lebendig dar – bereichert durch die Poesie, die sie aus der Vertrautheit mit den Bienen zog.

Nur wenige Tiere sind uns so fremd wie die Insekten. Bei vielen Menschen ist das Thema Bienen mit Ängsten verknüpft. Doch wer ins Innerste ihrer Wachsstädte vordringt und die Intelligenz des Volks sowie jeder einzelnen Biene bestaunt, wird sich dem Wesen der Honigbienen annähern. Sie berühren unser Herz ... und helfen uns, wieder Verbindung zur Natur aufnehmen.

Éric Tourneret

1) *Arbeiten bzw. Publikationen, welche diejenigen von Jürgen Tautz ergänzen, sind als Fußnote aufgeführt.*

Inhalt

Diese alten Bienenstöcke bestehen aus einem ausgehöhlten Kastanienstamm, der mit einer Schieferplatte bedeckt ist. Es gibt noch einige Imker, die gerne mit solchen traditionellen Klotzbeuten arbeiten. Die hier abgebildeten stehen im Herzen der Cevennen.

Hier räubern Bienen aus fremden Kolonien die Honigvorräte. Wenn der Imker bei der Honigernte ein Rähmchen im Freien stehen lässt oder nicht schnell genug arbeitet, lockt er räubernde Bienen aus Bienenstöcken der Umgebung an. Räuberei kann gefährlich sein, da auf diese Weise leicht Krankheiten von einem Volk auf das andere übertragen werden.

In der letzten Entwicklungsphase passen die Larven kaum noch in die Brutzellen. Schon bald werden die Zellen von den Ammenbienen mit einem luftdurchlässigen Deckel verschlossen, damit die Larven das elftägige Puppenstadium geschützt durchlaufen können.

SUPERORGANISMUS

„Bienen werden von den Naturforschern vergangener wie auch gegenwärtiger Zeit so gerühmt und man erzählt sich so viel Wunderbares über sie, dass man nun allgemein davon überzeugt ist, dass sie es sind, die von allen Insekten – ja vielleicht sogar von allen Tieren – unsere Bewunderung in vielerlei Hinsicht verdienen. Wir werden noch viel Unwahres an diesen wunderbaren Dingen entdecken, die wir ihnen zuschreiben wollten. Die wunderbaren Dinge, die man ihnen fälschlicherweise zugeschrieben hat, werden dann durch reale wunderbare Dinge ersetzt werden, die man bisher nicht kannte."

RÉAUMUR
Mémoires pour servir à l'histoire des insectes, 1741

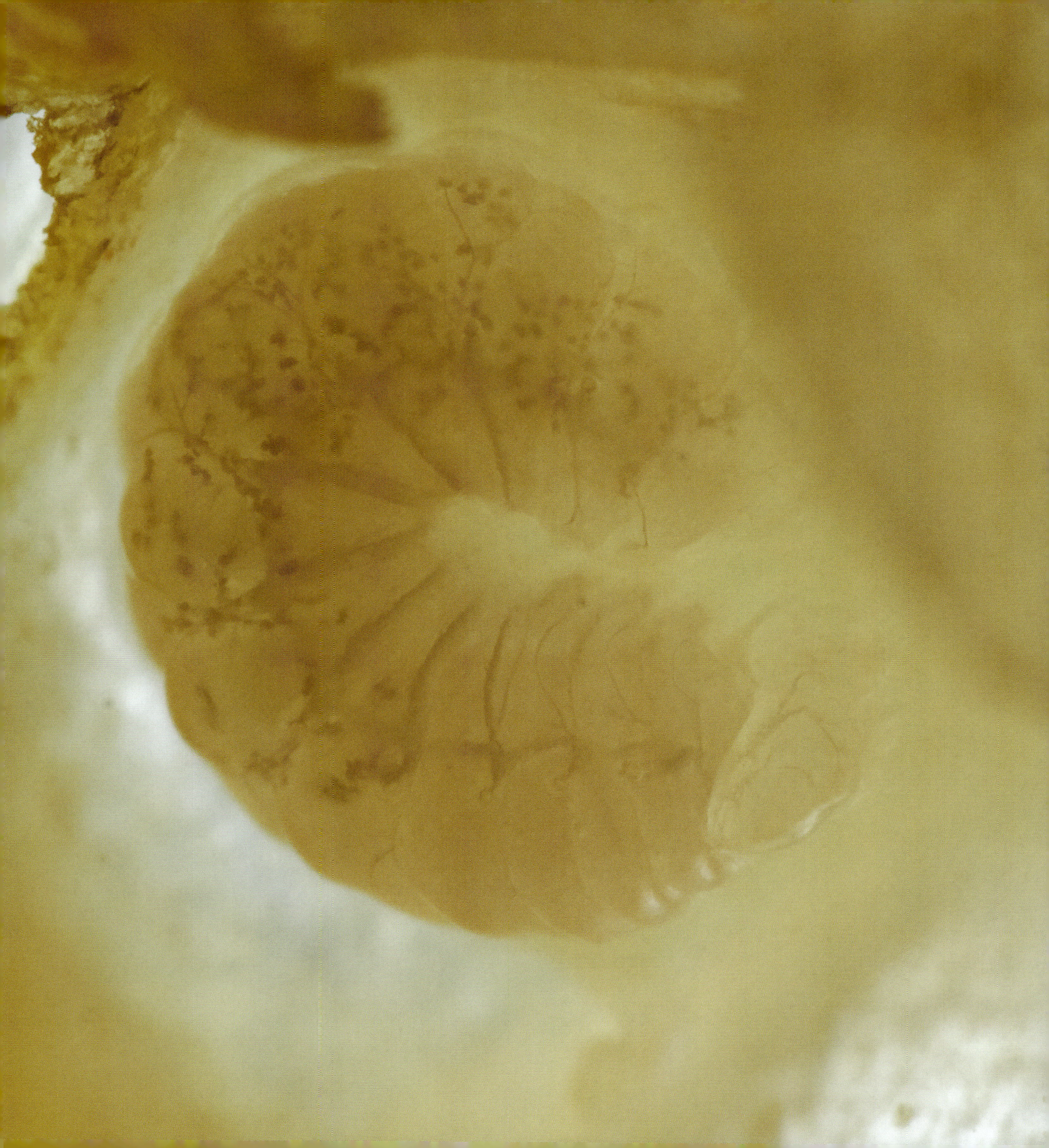

SUPERORGANISMUS

Superorganismen gibt es nur bei sozialen Insekten mit membranartigen Flügeln, den sogenannten Hautflüglern, zu denen unter anderem Ameisen, Honigbienen, Hummeln und Wespen zählen. Ein Superorganismus unterliegt demselben Gesetz wie die mehrzelligen Lebewesen: sich fortpflanzen und die Reproduktion der Erbsubstanz sichern.

Hinter dem Begriff Superorganismus verbirgt sich der Gedanke, die gesamte Kolonie samt Wabenwerk als einen einzigen unteilbaren Organismus zu betrachten. In dem Lebewesen Bienenvolk übernimmt die Königin die Aufgabe der weiblichen Keimzellen, die Drohnen (die männlichen Bienen) sind die Samenzellen, das Brutnest stellt die Gebärmutter dar, die Arbeiterinnen spielen die Rolle der verschiedenen Organe und Gliedmaßen – und die Wachswaben bilden das Gehirn, Nerven- und Immunsystem[1] und das stützende Skelett in der Wohnhöhle.

Beständigkeit durch stete Erneuerung

Wie einzellige Lebewesen pflanzen sich Superorganismen durch Teilung fort. Während des Schwärmens – wenn die Königin mit rund einem Drittel ihrer Töchter den Bienenstock verlässt – bildet sich eine neue Kolonie mit den charakteristischen Eigenschaften der Mutterkolonie.

Der Superorganismus an sich ist potentiell unsterblich, während seine Zellen – die einzelnen Bienen – permanent ausgetauscht werden. Mit Ausnahme der Königin, die drei bis fünf Jahre alt werden kann, erneuert sich der gesamte Bienenstaat in einem Zeitraum von rund vier Monaten – 50 000 Individuen, von denen täglich ungefähr 500 Bienen sterben. Arbeiterinnen haben eine Lebenserwartung von 17 – 50 Tagen im Verlauf des Frühlings und Sommers. Wenn sie im Herbst geboren werden, überleben sie bis zum folgenden Frühjahr (rund fünf bis sechs Monate)[2]. Männliche Bienen, die Drohnen, leben durchschnittlich vier bis sechs Wochen. Im Spätsommer werden sie aus der Kolonie verjagt, sobald die Monate des Überflusses vorbei und die ergiebigen Nektarquellen versiegt sind.

Der fortwährende Wechsel der Mitglieder des Bienenstaats hat keinen direkten Einfluss auf die Identität des Superorganismus: Sein Erbgut – die weiblichen und männlichen Keimzellen – bewahrt die fruchtbare Königin, die beim Hochzeitsflug von rund 15 Drohnen aus anderen Völkern begattet wird und diesen Samenvorrat lebenslang in der Spermathek in ihrem Hinterleib speichert. Zieht das Volk eine neue Königin heran, beginnt die genetische Erneuerung des Bienenvolks.

DER GEIST DES BIENENSTOCKS

Ein Staat ohne Regierung

Wer behält den Überblick in einer Kolonie und koordiniert 50 000 Individuen mit einem Aktivitätsradius von über 3 000 ha? Die Königin, die mithilfe ihrer Pheromone die Entwicklung der Eierstöcke bei den Arbeiterinnen verhindern und das Geschlecht der von ihr gelegten Eier bestimmen kann? Die Arbeiterinnen, die durch den Bau spezieller Brutzellen die Produktion von männlichen Tieren bzw. einer neuen Königin in die Wege leiten? Oder die Drohnen? Entgegen der Vermutung von Aristoteles, Bienen würden von einem König gelenkt, besitzt die Kolonie kein führendes Individuum. Es gibt gegenseitige Einflussnahmen zwischen der Gesamtheit und den Individuen, was Maurice Maeterlinck den „Geist des Bienenstocks“ nennt. Das Volk ist eine faszinierende, sich selbst organisierende Gemeinschaft, die sich unablässig an die veränderten Gegebenheiten ihrer Umwelt anpasst. Dabei trifft jede einzelne Biene zu jeder Zeit und an jedem Ort Entscheidungen: ob sie aktiv wird, wie stark sie sich engagiert und wie lange.

Wir Menschen können beim Blick ins Innere einer Kolonie sicherlich keine besondere Ordnung oder Organisation erkennen – schon gar nicht, wenn wir den Bienenstock öffnen und einzelne Waben entnehmen. Dennoch besitzt das Volk eine kollektive Intelligenz, die es ermöglicht, auf Kälte, Hitze, Überfluss oder Nahrungsknappheit zu reagieren und sich anzupassen – obwohl sich die meisten Individuen so gut wie nie begegnen. Neben der direkten Kommunikation zwischen den Bienen[3] beeinflusst jede Biene in der Kolonie die anderen durch ihr Tun. Wobei jede Tätigkeit aufgrund von Informationen aus der Umwelt oder von anderen Bienen ausgeführt wird. So entsteht eine Dynamik, die den Interessen der Allgemeinheit dient.

Vorige Seite: Die Baubienen, die für die Konstruktion der Waben zuständig sind, sind 12 bis 18 Tage alt. In diesem Lebensabschnitt bilden sich ihre Wachsdrüsen aus, über die sie hauchdünne Wachsplättchen ausschwitzen. Aus dem Wachs werden ellipsenförmige, parallel angeordnete Waben modelliert.

Nachdem sie aus dem Ei geschlüpft sind, werden alle Larve drei Tage lang mit Gelée royale gefüttert. Arbeiterinnenlarven bekommen nach und nach fermentierten Pollen und Honig zu fressen, während Königinnenlarven weiterhin mit dem Futtersaft aus den Kopfdrüsen der Ammenbienen ernährt werden – daher der Name Gelée royale.

1) *Vgl. Kapitel „Die Architektur des Nests“, S. 179.*
2) *Chauvin, Rémy (1999):* l'Énigme des abeilles. *Éditions du Rocher, Monaco, Seite 32.*
3) *Vgl. Kapitel „Intelligenz und Kommunikation“.*

Eine fertig entwickelte Biene schlüpft aus ihrer Zelle, nachdem sie mit den Mandibeln ihrer Mundwerkzeuge den Wachsdeckel geöffnet hat. Mit den Mundwerkzeugen kneten die Bienen außerdem Wachs, Pollen und Propolis oder saugen über den Rüssel Nektar.

Alles im Gleichgewicht

Zum Superorganismus Bienenstaat gehören die einzelnen Bienen, ihre Behausung sowie ihr Wabenwerk – zusammen bilden sie eine organische Einheit. Die Gesundheit und Vitalität der Kolonie hängt – wie bei jedem Lebewesen – vom Gleichgewichtszustand aller Lebensfunktionen im Organismus ab. Da zahlreiche innere und äußere Faktoren auf das Bienenvolk einströmen und das Gleichgewicht stören können, kooperieren die vielen tausend Individuen in einer hochdynamischen Art und Weise miteinander. Die Selbstregulation des Gleichgewichtszustands – die Homöostase einer Kolonie – ist das Ergebnis einer ganzen Reihe von Aktionen und Reaktionen, die ineinandergreifen: ein bestens funktionierendes komplexes System, das zu einer hohen Unabhängigkeit von direkten Umwelteinflüssen führt.

In seinem Werk *The Wisdom of the Hive* hat der Bienenforscher Thomas Seeley diese Komplexität anhand der Nahrungsbeschaffung einer Kolonie beschrieben[4]. Um genau die richtige Menge an Nektar für einen Bienenstock zu beschaffen, müssen die Bienen sowohl den verfügbaren Platz in den Waben als auch den Bedarf an Honig im Blick behalten. Die Sammelbienen werden aktiv, sobald sie von einer Nektarquelle erfahren oder wenn die Nahrungsvorräte zu Ende gehen. Sie fliegen hingegen in geringerer Anzahl aus, wenn reichlich Nahrung im Nest vorhanden ist oder die Nahrungsquellen am Versiegen sind. Mit dem Tanz[5] werden neue Sammelbienen mobilisiert. Nehmen die Lagerverwalterinnen den Sammlerinnen jedoch nur zögerlich den gesammelten Nektar ab, reduziert sich deren Aktivitätslevel.

Durch die unterschiedlichen Kommunikationsmethoden wird erreicht, dass die Kolonie starke äußere Schwankungen ausgleichen kann, wie sie beispielsweise bei anhaltendem Regen auftreten, wenn der Nektar aus den Blüten geschwemmt wird, oder bei sengender Hitze. Mit dem Nektarsammeln gehen weitere Rückkopplungen einher. Ist Nektar im Überfluss vorhanden und die Lagerkapazitäten des Bienenstocks sind erschöpft, beginnen die Arbeiterinnen mit dem Bau neuer Waben.

Da sich die Zielgrößen ändern können, sind die Regelkreise im Volk sehr plastisch angelegt und durch die Daueraktivität der Kolonie ununterbrochen dem angepasst. Fallen Werte – wie etwa die Temperatur des Brutnests – unter eine bestimmte Grenze, werden sie aktiv von den Bienen erhöht. Überschreiten die Werte eine gewisse Größe, handeln die Bienen ebenfalls regulierend. Allerdings ist auch die Toleranz gegenüber Abweichungen keineswegs starr. Zum Beispiel reagieren die Bienen im Sommer auf Temperaturschwankungen anders als im Winter. In den kalten Monaten hat das Heizen im Brutraum absolute Priorität, da die Puppen auf gleichbleibender Temperatur gehalten werden müssen, wobei in den Vorratskammern größere Temperaturabweichungen toleriert werden.

Krankheitsabwehr und Heilmittel

Krankheiten gehören schon seit Jahrtausenden zu den täglichen Bedrohungen, denen die Bienen begegnen müssen. Bei 50 000 Lebewesen, die auf engstem Raum zusammenleben, ist es naheliegend, dass ein Bienenvolk zahlreichen Pathogenen ausgesetzt sind: Pilzen, Bakterien, Viren und Parasiten, die Bienen direkt angreifen und andere Pathogene übertragen können. Als schlimmster Parasit gilt eine Milbe mit dem vielsagenden Namen *Varroa destructor*[6].

Bienen haben unzählige Strategien zur Krankheitsbekämpfung entwickelt. Ihre erste Immunabwehr bekommen sie bereits als Larve über den Futtersaft ihrer Schwestern – ähnlich wie ein menschliches Baby über die Muttermilch gestärkt wird. Der Futtersaft (funktionell gesehen ist es eine „Schwesternmilch“), besser bekannt als Gelée royale oder Königinnenfuttersaft, wird in den Kopfdrüsen der Ammenbienen produziert. Er enthält das auch im Honig vorkommende Protein Defensin, das besonders gegen bakterielle Darminfektionen bei den Larven wirkt. Das Exoskelett der ausgewachsenen Biene, Kutikula genannt, besitzt ebenfalls eine Schutzwirkung. Es ist mit einer feinen Wachsschicht bedeckt, die von Pathogenen nur sehr schwer durchdrungen werden kann. Überwinden Krankheitserreger dennoch diese Schutzbarriere, reagiert das Immunsystem der Bienen und aktiviert die in der Hämolymphe – dem Insektenblut – enthaltenen Abwehrzellen.

Das mit zwei Tausendstelsekunden aufgenommene Bild zeigt eine Sammelbiene im Landeanflug auf eine Distelblüte und die Bewegungen ihrer Flügel. Mit ihnen kann sie über 200-mal pro Sekunde schlagen, wenn sie mit einer Geschwindigkeit von 30 km / h fliegt.

4) Seeley, Thomas (1995): The Wisdom of the Hive. Harvard University Press, London, Seite 194 – 195.
5) Vgl. Kapitel „Intelligenz und Kommunikation“, Seite 215.
6) Vgl. Kapitel „Bienen und Menschen“, Seite 149.

Ähnliche Abwehrsysteme besitzen auch andere Hautflügler. Der Superorganismus jedoch hat gegenüber solitär lebenden Arten noch weitere Strategien entwickelt. Besonders viel Aufmerksamkeit wird im Bienenvolk der Nesthygiene gewidmet: Oft kann man am Eingang des Bienenstocks Arbeiterinnen bei der gegenseitigen Pflege beobachten. Die Königin, die mehr als alle anderen vor Krankheiten geschützt werden muss, wird von mehreren Arbeiterinnen (dem sogenannten Hofstaat) unablässig umsorgt. Putzbienen säubern gründlich die Brutzellen nach jedem Schlupf, bevor die Königin ein neues Ei auf dem Zellboden platziert. Arbeiterinnen schaffen schnellstmöglich tote Bienen aus dem Bienenstock. Kranke Bienen werden meist schnell identifiziert (wie, ist bislang nicht bekannt) und aus dem Nest gejagt. Hinzukommt, dass Infektionen und Parasiten meist den Orientierungssinn der Bienen beeinträchtigen und erkrankte Sammlerinnen nicht mehr zur Kolonie zurückfinden.

Bienen nutzen auch die Heilwirkung der Pflanzen. Propolis, das sie von den Knospen mancher Baumarten sammeln und mit Speichel anreichern, hat viele positive Eigenschaften: Es wirkt antibakteriell, antiviral und fungizid und dient dem Volk als natürliches Antibiotikum. Die Bienen überziehen die Innenwände des Bienenstocks sowie alle Wachswaben mit einer hauchdünnen, schützenden Propolisschicht. Imker entdecken bisweilen auf dem Boden des Bienenstocks die mumifizierten Kadaver von Mäusen – fein säuberlich in luftdichte Schichten aus Propolis verpackt. Wenn Mäuse in den Stock eindringen, können sie zwar von den Bienen getötet aber nicht mehr nach außen transportiert werden. Um eine Verwesung und die Ausbreitung von Krankheiten zu verhindern, mumifizieren die Bienen den Leichnam.

Trotz aller Schutzmechanismen steigt die Mortalitätsrate der Bienenvölker in unseren Breitengraden ständig an. Es sind mehrere Faktoren, die unsere Bienenvölker schädigen und in ihrer Summe ein alarmierendes Bienensterben verursachen. Zum einen richtet *Varroa destructor*, die aus Asien zu uns kam, großen Schaden in den Kolonien an. Ebenso spielen die Monokulturen der industriellen Landwirtschaft sowie die großflächig eingesetzten Pestizide eine wesentliche Rolle beim Bienensterben. Der amerikanische Entomologe Dennis vanEngelsdorp hat in einer 2013 veröffentlichten Studie gezeigt, dass die hohe Pestizidkonzentration und ihre Akkumulation – bis zu 35 unterschiedliche Gifte wurden im Pollen nachgewiesen – sich auf das Immunsystem der Völker auswirken. Die Bienen werden anfälliger für Krankheitserreger, die ihnen normalerweise nicht schaden würden.

STATIONEN EINES BIENENLEBENS

Beim Beobachten der scheinbar nie endenden Betriebsamkeit der Kolonie öffnen sich einem immer wieder neue Eindrücke. Arbeitsbienen putzen, füttern ihre Larven und kümmern sich um die Königin. Sie nehmen Pollen, Nektar, Wasser und Propolis entgegen, verstauen die Vorräte in Vorratszellen und wandeln Nektar zu Honig um. Sie bauen Waben, fächeln zur Abkühlung mit den Flügeln oder zittern zur Wärmeerzeugung mit den Muskeln und tanken sich gegenseitig mit energiereichem Honig auf. Sie verteidigen den Eingangsbereich, organisieren Sammelaktionen und unternehmen Erkundungsflüge, um in der Fülle der Blütenpflanzen die ergiebigsten Nektarquellen ausfindig zu machen. Das sind die bekanntesten Tätigkeiten in einem Bienenstock, doch wahrscheinlich gibt es noch einige mehr ...

Wer von den Arbeiterinnen ist für Bauarbeiten geeignet? Oder als Ammenbiene? Wer besitzt die Charaktereigenschaften einer Sammelbiene oder einer Wächterbiene? Arbeiterinnen, die im Frühjahr und Sommer im Volk leben (sogenannte Sommerbienen), durchlaufen in den rund 17–50 Tagen ihres kurzen Daseins verschiedene Aufgabenbereiche der Kolonie. Bei der großen Anzahl an Arbeiterinnen in unterschiedlichen Lebensphasen werden somit alle für die Gemeinschaft relevanten Tätigkeiten erledigt und das Gleichgewicht im Superorganismus aufrechterhalten. Mit jedem Aufgabenbereich ändert sich auch der Stoffwechsel der Biene, damit sie körperlich in der Lage ist, die neue Tätigkeit auszuführen.

Eine Arbeiterin verbringt 21 Tage in der Brutzelle, bevor sie als fertiges Insekt schlüpft. Eine Königin schlüpft bereits nach 16 Tagen, ein Drohn nach 24 Tagen. Die hier schlüpfenden Arbeiterinnen werden mit einem Tropfen Nektar von einer Ammenbiene gefüttert.

Aufgaben im Dunkeln: säubern, füttern, bedienen

Eine Arbeiterin schlüpft 21 Tage nach der Eiablage aus ihrer Wabenzelle, breitet ihre Flügel und Fühler aus und lässt den hellen Flaum trocknen, der Kopf und Brust bedeckt. Dann ist sie startbereit für die ersten anstehenden Aufgaben. Bereits ab ihrem ersten Lebenstag kümmert sich die junge Arbeitsbiene um die Reinigung von Brutzellen, die nach dem Schlüpfen wieder frei geworden sind. Sie taucht kopfüber in die Zelle, entfernt Reste von Wachs und Pollen sowie Exkremente und poliert die Zellwände, damit ein neues Ei hineingelegt werden kann.

Im Alter von fünf bis sechs Tagen bilden sich die Kopfdrüsen der Arbeiterin heraus, die Gelée royale produzieren. Das perlmuttfarbene schimmernde Königinnenfutter mit süßsaurem Geschmack tritt aus winzig kleinen Öffnungen aus, die sich unten an den Mundwerkzeugen befinden. Sobald die Larve aus dem Ei geschlüpft ist, gibt die Ammenbiene eine Portion Weiselfuttersaft („Schwesternmilch") in die Brutzelle, von dem sich die Larve ernährt. Königinnenlarven werden ausschließlich mit Gelée royale gefüttert, bis ihre Zelle am neunten Tag mit einem Deckel verschlossen wird. Arbeiterinnen- und Drohnenlarven hingegen erhalten den Futtersaft nur drei Tage lang, danach mengen die Ammenbienen in zunehmenden Anteilen fermentierten Pollen und Honig bei. Eine Kolonie mit einer Nachkommenschaft von rund 200 000 Jungbienen produziert im Lauf des Sommers ungefähr fünf Liter „Schwesternmilch". Eine Meisterleistung!

Mit der Pflege ihrer zukünftigen Mitschwestern sind die Ammenbienen bis zum zehnten bzw. zwölften Lebenstag beschäftigt, danach bilden sich ihre Futtersaftdrüsen zurück. Manche Ammenbienen bilden den Hofstaat der Königin: Sie ernähren, putzen und umsorgen ihre Mutter und helfen ihr bei der Eiablage.

Bauen, entgegennehmen, einlagern

Ungefähr am zehnten Lebenstag bereitet sich der Körper der Biene auf seine nächste Aufgabe vor. Acht Wachsdrüsen bilden sich am Abdomen aus, die am zwölften Lebenstag der Biene den Gipfel ihrer Leistungsfähigkeit erreicht haben und sich ab dem 18. Tag

Im Frühjahr / Sommer besteht die Kolonie aus 20 000 bis 80 000 Individuen, im Winter schrumpft das Volk auf ungefähr 6 000 bis 8 000 Bienen zusammen. Die meisten Bienen im Volk sind Arbeiterinnen, die mit einer einzigen fortpflanzungsfähigen Königin zusammenleben und von April bis zum Spätsommer mit rund 1 000 bis 3 000 männlichen Tieren (Drohnen).

wieder zurückentwickeln. Die Drüsen sondern Wachs ab, das die Baubiene in Form von hauchdünnen Wachsplättchen auf der Bauchseite ihres Hinterleibs „ausschwitzt". Wenn im Volk neue Waben gebraucht werden, verhaken sich die Bienen mit ihren Beinen ineinander: Sie bilden sogenannte Bauketten, die senkrecht von der Decke der Höhlung oder von der oberen Leiste des Rähmchens nach unten herunterhängen. Oft sind es so viele Bienenkörper, dass ein regelrechter Vorhang entsteht, der die eigentliche Baustelle für den außenstehenden Beobachter nahezu komplett verdeckt. Mithilfe der Bürsten an ihren Hinterbeinen transportiert die Arbeiterin die selbst erzeugten Wachsplättchen zum Mund, knetet sie durch und reichert sie mit Speichel an. Das kleine Wachsklümpchen wird von Biene zu Biene die Kette entlang bis zur Baustelle hinaufgereicht und von der obersten Baubiene mit den Mundwerkzeugen an der Ansatzstelle verbaut. So entstehen nach und nach die zigtausend Wabenzellen der Kolonie[7].

Die ersten Tätigkeiten im Leben einer Arbeiterin spielten sich in der Dunkelheit des Nests ab. Die folgende Aufgabe bietet ihr einen ersten Kontakt mit der Außenwelt: Als Lagerverwalterin empfängt sie auf dem Flugbrett die zurückkehrenden Sammelbienen, nimmt das gesammelte Gut entgegen und bringt es zu den entsprechenden Vorratszellen im Inneren des Bienenstocks. Einer Pollensammlerin hilft sie, die schwere Pollenlast von den Hinterbeinen abzustreifen. Bei einer ankommenden Nektarsammlerin erfolgt die Übergabe des Nektars von Mund zu Mund. Den angenommenen Nektar schluckt die Arbeiterin mehrmals runter und würgt ihn wieder herauf. Dabei reichert sich der Nektar mit Enzymen aus dem Speichel an und wandelt sich in Honig um. Der als Trophallaxis bezeichnete soziale Futteraustausch spielt auch eine wichtige Rolle für den Informationsfluss im Volk. Als Verkosterin taxiert die Lagerverwalterin unablässig die Qualität des entgegengenommenen Nektars, ebenso kann sie die Aktivität der Sammelbiene stimulieren oder herunterfahren, je nachdem ob sie ihre Pollen- oder Nektarlast schnell oder nur zögerlich abnimmt.

Allmählich füllen sich die frisch gebauten Waben mit eingelagertem Pollen oder Nektar. Die Lagerverwalterinnen nehmen den Nektar von den Sammlerinnen entgegen, verkosten ihn, prüfen seine Qualität und können sogar die Sammeltätigkeit herunterschrauben, wenn in den Vorratswaben zu wenig Platz vorhanden ist.

7) Vgl. Kapitel „Die Architektur des Nests".

Kühlen, wärmen, beschützen

Im Alter von 18 Tagen übernimmt die Arbeiterin eine Aufgabe, die zu den grundlegenden Vitalfunktionen des Superorganismus gehört: die Wärmeregulierung der Kolonie. An sehr heißen Tagen bringen Sammlerinnen vermehrt Wasser, das als dünner Film über die Zellränder und auf den Zelldeckeln verteilt wird. Dann kommen die Fächelbienen zum Einsatz: Sie bilden lange Ketten von den Waben bis zum Stockeingang und ventilieren im Stand mit den Flügeln. Der dabei erzeugte Luftstrom lässt das Wasser verdunsten und senkt die Temperatur im Stockinneren. Fächelbienen begünstigen außerdem den Reifeprozess des Honigs, indem sie die Verdunstung des Wassers im Nektar beschleunigen.

Benötigt die Kolonie dagegen Wärme, werden die Heizerbienen tätig. Diese Aufgabe ist weniger eng an einen bestimmten Lebensabschnitt der Biene gekoppelt. Manche Heizerbienen sind gerade mal drei Tage alt, während andere bereits das Alter von 27 Tagen erreicht haben. Dank der Heizerbienen erfährt die Brut eine durchweg konstante Temperatur zwischen 33 und 36 °C. Und die Kolonie kann winterliche Temperaturen überstehen, die keine Biene allein überleben würde.

Zwischen dem 12. und 25. Lebenstag beschützt die Arbeiterin als Wächterin das Flugloch: Sie kann jede einzelne ihrer Schwestern am Geruch identifizieren und verwehrt fremden Eindringlingen den Zugang zum Nest – egal, ob es sich um räubernde Bienen aus Nachbarkolonien, Hummeln oder Wespen handelt. Nimmt die Wächterin eine ungewöhnliche Bewegung in der Nähe des Bienenstocks wahr, fliegt sie aus, um nach dem Rechten zu sehen. Bei drohender Gefahr macht sie von ihrem Stachel Gebrauch. Der Bienenstachel ist mit Widerhaken ausgestattet, die bei der Verteidigung gegen andere Insekten sehr nützlich sind. Greift die Wächterin jedoch einen Menschen oder ein Säugetier an, bleibt ihr Stachel in der elastischen Haut stecken. Beim Versuch, sich zu befreien, reißt ihr Stechapparat ab und sie stirbt.

Die gefährlichste Aufgabe

Erst am Ende ihres Lebens – in der dritten Lebenswoche – fliegen die erfahrenen Arbeiterinnen aus und übernehmen die gefährlichste aller Tätigkeiten: das Sammeln von Nektar, Pollen, Propolis oder Wasser. Sie beginnen mit kürzeren Erkundungsflügen in alle Richtungen, bis sie zielsicher zum Bienenstock zurückfinden, bevor sie 3 – 10 längere Sammelflüge pro Tag unternehmen. Nach 10 – 20 Tagen stirbt die Sammlerin irgendwo im Freien, fern der Kolonie.

Die Produktivität des Superorganismus ist in vielerlei Hinsicht bemerkenswert, doch bei der Arbeit der Sammlerinnen ist sie offenkundig: Um eine einzige Wabenzelle mit Nektar zu füllen, sind 25 Sammelflüge notwendig. Für die Herstellung von 300 kg Honig absolvieren die Sammlerinnen 7,5 Millionen Flüge, das sind 20 Millionen Flugkilometer – fast die Hälfte der Entfernung zwischen Erde und Venus.

Rechnet man das gefüllte Pollenhöschen einer Sammlerin in Energie um, erhält man den Gegenwert von 500 Joule, während ihr Energieverbrauch auf dem Rückflug durchschnittlich nur 10 Joule beträgt (6,5 pro zurückgelegtem Kilometer). Sie liefert der Kolonie also 50-mal mehr Energie als sie verbraucht – eine Rendite von 5 000 zu 100!

Eine Lagerverwalterin hilft einer mit Pollen beladenen Sammlerin, sich von ihrer Last zu befreien. Gleichzeitig überprüft sie die Qualität des Pollens mithilfe ihrer Antennen, auf denen sich die olfaktorischen Sinneszellen befinden.

Überlebensfähig durch Improvisation

Auch wenn die Tätigkeiten der Arbeiterinnen im Volk einer altersabhängigen Präferenz folgen, bleibt die Aufgabenteilung hoch flexibel. Letztlich ist weniger der Lebensabschnitt ausschlaggebend für die ausgeführten Tätigkeiten, sondern der Bedarf bzw. die Dringlichkeit der jeweiligen Situation. Wenn bei besonders ergiebigen Nektarquellen die vielen tausend Vorratszellen des Nests überfüllt sind, benötigt das Volk neuen Lagerraum. Sind nicht genügend Baubienen vorhanden, werden sowohl bei den Lagerverwalterinnen als auch den ältesten Sammlerinnen die Wachsdrüsen wieder aktiviert und die Bienen beginnen zu bauen. Manche Aufgaben sind so dringend, dass dafür Bienen aller Altersgruppen mobilisiert werden: Bei einem bedrohlichen Angriff verteidigen alle Arbeiterinnen die Kolonie – außer die ganz Jungen, deren Stachel noch nicht voll ausgestattet ist. Bei extremer Kälte oder Hitze muss eilig die Temperatur reguliert werden und jede Arbeiterin übernimmt die Aufgaben einer Heiz- bzw. Fächelbiene.

Sind dagegen zu viele Bienen beispielsweise mit der Pflege der Königin oder dem Bewachen des Eingangs beschäftigt, verlassen einzelne Arbeiterinnen ihren Tätigkeitsbereich und wenden sich einer neuen Aufgabe zu. So hängt die Menge an aktivierten Arbeitskräften vom Ausmaß der im Volk anfallenden Arbeiten ab. Außer diesem sehr flexiblen Verhalten gibt es bei den Bienen eine weitere verblüffende Besonderheit: Das Juvenilhormon (das die Entwicklung von Insekten steuert) nimmt mit zunehmendem Alter zu, sodass die älteren Arbeiterinnen lernfähiger sind als die jungen.

Die stille Reserve

Die Flügel blank putzen und ausfliegen, heizen, kühlen, neue Wabenzellen bauen – sich permanent anpassen und schnell handeln ... Die Plastizität ist das Geheimnis des Superorganismus, der – paradoxerweise – dank der Untätigkeit einiger Individuen so reibungslos funktioniert. Denn anders als man vielleicht erwarten würde, steigert sich bei akutem Bedarf nur in manchen Fällen die Aktivität der einzelnen Bienen. Meistens reagiert das Volk mit einer größeren Anzahl an Bienen, die sich der notwendigen Aufgabe widmen.

In einem Versuch haben Wissenschaftler jede Biene bei ihrer Geburt mit einem winzigen RFID-Chip (radio frequency identification) ausgestattet, der eine persönliche Kennnummer der Biene enthielt. Als sie das Alter einer Sammlerin erreicht hatte, wurden ihre Flüge mittels Radiowellen registriert. Dabei konnte man beobachten, wie passive Bienen durch den Tanz der Sammlerinnen aus ihrer Untätigkeit geholt wurden und ausflogen, um die Bedürfnisse der Gemeinschaft zu erfüllen. Jedes Bienenvolk verfügt über diese stille Reserve, die immer dann aktiv wird, wenn Verstärkung erforderlich ist.

Das Ende eines Mythos

Eine weitere Entdeckung widerspricht dem sprichwörtlichen Bild der immer fleißigen Biene. Einzelne Bienen sind keineswegs ununterbrochen aktiv oder als stille Reserve bei Bedarf verfügbar, sondern schlafen auch. Der deutsche Wissenschaftler Walter Kaiser entdeckte als Erster diese besondere Art der Passivität und gilt zusammen mit dem Amerikaner Barrett Klein als Pionier in der Erforschung des Schlafverhaltens bei Bienen.

Der von ihnen bevorzugte Schlafplatz und die Dauer der Schlafphasen variieren und hängen vom Alter der Biene ab. Junge Bienen, die vielen Tätigkeiten nachgehen, brauchen mehr Schlaf und ruhen mehrmals am Tag und in der Nacht. Sie verbringen ihre Ruhezeiten in leeren Zellen im Bereich des Brutnests. Die älteren Sammelbienen richten sich nach dem Tag-Nacht-Rhythmus. Sie schlafen seltener, jedoch tiefer und ruhiger als die Jungbienen. Ihr Schlafplatz ist außerhalb der Zellen, abseits des Brutnests in den kühleren Randbereichen der Kolonie. Sie kühlen beim Schlafen deutlich stärker ab als die jüngeren Arbeiterinnen[8]. Auch außerhalb des Bienenstocks konnten die Forscher schlafende Sammelbienen beobachten, die unbeweglich in Blütenkelchen verharrten.

ZENTRALHEIZUNG UND KLIMAANLAGE

Gleichwarme Säugetiere und Menschen sind mit ihrer konstanten Körpertemperatur relativ unabhängig von den Temperaturschwankungen ihrer Außenwelt. So können sie kalte Regionen besiedeln und zu kalten Tages- oder Jahreszeiten aktiv sein. Bienen sind kaltblütig, das heißt, ihre Körpertemperatur steigt bzw. sinkt

Vorige Seite: Mit geöffneten Mundwerkzeugen sitzen zwei Wächterinnen am Flugloch. Die 12 bis 25 Tage alten Arbeiterinnen beschützen die Kolonie vor räuberischen Insekten und Bienen aus Nachbarkolonien, die sie am Geruch erkennen. Im Falle einer akuten Bedrohung senden sie ein olfaktorisches Alarmsignal aus, um ihre Schwestern zur Verstärkung herbeizurufen.

Sammlerinnen transportieren den gesammelten Blütenpollen an ihren Hinterbeinen zum Stock. Der Pollen stellt eine bedeutsame Proteinquelle für die Bienen dar, insbesondere für die Aufzucht der Brut. Der leuchtende Pollen der Zistrosenblüten ist besonders nährstoffreich und ein Glücksfall für die Kolonie.

8) *Klein, B. A., Stiegler, M., Klein, A., Tautz, J. (2014):* Mapping Sleeping Bees within Their Nest: Spatial and Temporal Analysis of Worker Honey Bee Sleep. *PloSONE, https://doi.org/10.1371/journal.pone.0102316.*

in Abhängigkeit von der Außentemperatur[9]. Das Bienenvolk als Ganzes ist dennoch in der Lage, extreme Minustemperaturen oder starke Hitze zu überstehen, da es die Temperatur im Inneren der Kolonie selbst regulieren kann – diese Fähigkeit ist eine der wichtigsten Funktionen des Superorganismus.

Glühende Bienen

Nektar ist von den Pflanzen verstoffwechselte und gespeicherte Sonnenenergie. In der Kolonie wird diese Energiereserve in Form von Honig als Vorrat eingelagert. Er dient den Bienen als Nahrung, wobei sie die gespeicherte Energie nutzen, um aktiv Wärme zu erzeugen. Honigbienen können ihren Körper auf 44 °C aufheizen, indem sie mit den Flugmuskeln vibrieren[10]. Diese Fähigkeit ist für den Superorganismus lebenswichtig – sie ermöglicht dem Bienenvolk, den Winter zu überstehen, Wachswaben zu bauen und sogar die Eigenschaften der Brut zu beeinflussen. Um bei der Wärmeerzeugung über die Flugmuskeln ein Schlagen der Flügel zu verhindern, klingt die Biene mithilfe kleiner Muskeln gewissermaßen ihre Flügel aus. Ähnlich wie ein Motor im Leerlauf zittert sie mit ihrer Flugmuskulatur ohne abzuheben (das gleiche Zittern wird beim Schwänzeltanz aktiviert, nur mit stärkeren Vibrationen).

Die besondere Anatomie der Biene ermöglicht eine Bündelung der Wärme im Brustbereich. Kühles „Blut" (Hämolymphe) wird im Herzschlauch, der sich bis in den Bienenhinterleib erstreckt, von hinten nach vorne gepumpt. Gegenläufig fließt erwärmtes „Blut" außerhalb des Herzschlauchs von vorne nach hinten. Der Gegenstrom erzeugt an der verengten Stelle zwischen Thorax und Hinterleib eine Temperaturblockade, wodurch die erzeugte Wärme im Brustabschnitt gehalten wird und sich nicht im Abdomen verteilt.

Dem Wärmen ihrer Brut widmen die Bienen besondere Aufmerksamkeit – schließlich wächst hier eine neue Generation heran, die das Überleben der Kolonie sichert. Das Brutnest weist durchweg eine fast konstante Temperatur auf, die zwischen 33,8 °C und 37 °C liegt[11] – selbst bei stark variierenden Außentemperaturen. Eine derart präzise Regulierung kann nicht das Ergebnis von Zufällen sein. Lange Zeit glaubte man, die Larven würden die Wärme erzeugen und die anwesenden Bienen würden sich dort nur aufwärmen. Durch geduldiges Beobachten und mithilfe einer Wärmebildkamera präsentierte sich eine ganz andere Realität. Auf einem Wärmebild signalisiert Blau eine niedrige, Weiß-Gelb eine hohe und Rot eine mittlere Temperatur. Im Brutnestbereich zeigt die Wärmebildkamera „glühende" Bienen mit gelb leuchtendem Brustkorb. Es sind Heizerbienen, die scheinbar regungslos auf verschlossenen Zellen sitzen. Bei genauerem Hinsehen erkennt man, wie eine Heizerbiene mit eng am Körper anliegenden Flügeln ihren bis zu 44 °C heißen Brustabschnitt gegen den Deckel der Brutzelle presst. In dieser Stellung kann sie 30 Minuten lang verharren, bevor sie sich – völlig erschöpft – wieder aufrichtet. Mit der Methode erreicht die Heizerbiene im Wesentlichen nur die Puppe, die in der Zelle unter dem beheizten Deckel heranwächst. Das ist nicht besonders effizient – vergleichbar mit einem Haus mit einigen tausend Zimmern, von denen man nur einige beheizen würde. Der Wärmeverlust wird zwar teilweise durch die Anwesenheit anderer Bienen (darunter können auch Drohnen sein) kompensiert, doch verfolgen die Heizerbienen noch eine andere, wesentlich effizientere Strategie.

Vorige Seite: Das Foto zeigt ein geschäftiges Treiben auf dem Flugbrett vom Innern des Bienenstocks aus gesehen. Ein Bienenvolk, das seine selbst gebauten Waben im Inneren eines Hohlraums bevölkert, bildet eine weitgehend autarke organische Einheit. Die Bienen fliegen nur aus, um Vorräte zu sammeln, wenn sie sich über den Schwarmprozess vermehren wollen oder beim Hochzeitsflug.

Die unbeweglichen Puppen durchlaufen die Metamorphose auf dem Rücken liegend in geschlossenen Zellen. Hier sind Kopf, Thorax und Abdomen bereits ausgebildet, während die Organe sich noch umwandeln. Zwölf Tage nachdem die Zelle verdeckelt wurde, ist das fertige Insekt bereit zum Schlüpfen. Für das Foto wurden die Deckel der normalerweise verschlossenen Zellen entfernt.

9) *Die Körpertemperatur einer Biene liegt normalerweise bei 35 °C. Sie überlebt Körpertemperaturen bis zu 44 °C und stirbt bei 48 – 50 °C. Bei einer Umgebungstemperatur von 7 °C wird eine einzelne Biene steif, bei 6 °C überlebt sie noch rund 10 Minuten.*

10) *Diese Fähigkeit ist wahrscheinlich schon sehr alt und das Erbe der solitär lebenden Vorfahren unserer Bienen, die sich auf diese Weise vor dem Abflug aufwärmten.*

11) *Fahrenholz, L., Lamprecht, I., Schricker, B. (1989):* Thermal investigations of a honey bee colony: thermoregulation of the hive during summer and winter and heat production of members of different bee castes. *Journal of Comparative Physiology B, Biochemical, Systems, and Environmental Physiology, 159, Seite 551 – 560, doi: 10.1007/BF00694379.*

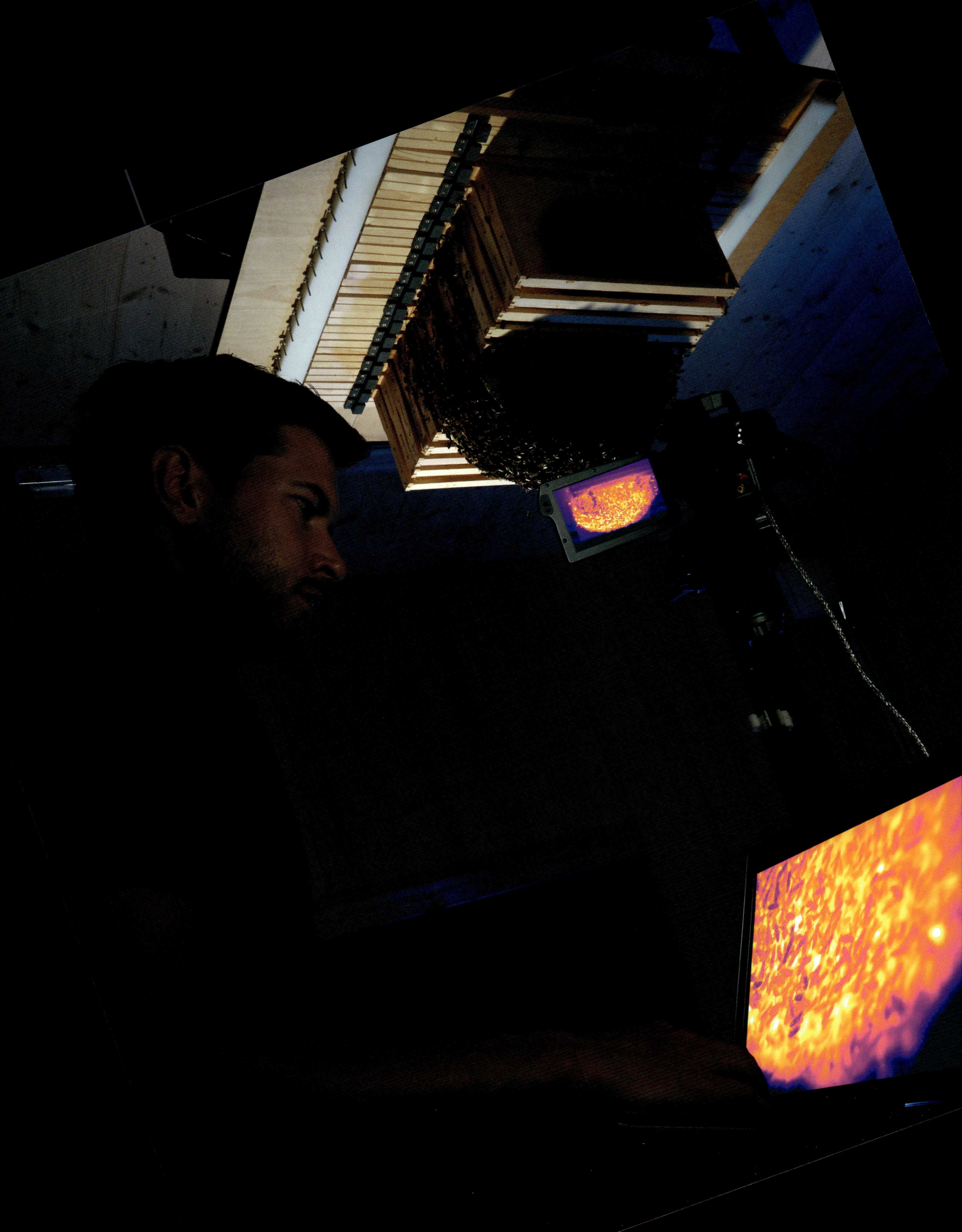

Leere Kammern

Ein großer und gut gefüllter Brutraum zeugt von einer guten Bienensaison und einer fruchtbaren Königin. Doch selbst in einem solchen Fall bleibt immer eine bestimmte Anzahl von Brutzellen leer, die insgesamt 3 – 10 % der Gesamtoberfläche ausmachen. Wozu dienen diese leeren Kammern?

Oft stecken Bienen kopfüber in den leeren Zellen. Es sind weder Reinigungsbienen noch schlafende Bienen, denn bei den Arbeiterinnen lassen sich fortwährende Pumpbewegungen des Hinterleibs beobachten. Mithilfe der Wärmebildkamera konnte ihre im Verborgenen stattfindende Aktivität enträtselt werden: Die Bienen in den leeren Zellen haben eine erhöhte Brusttemperatur – es sind Heizerbienen. Ihr kühler Hinterleib dichtet die Zelle nach außen hin ab und reduziert Wärmeverluste. Die Heiztätigkeit der Heizerbiene ist nicht linear. Sie kann einige Minuten lang aussetzen, bis ihre Körpertemperatur um 5 °C gesunken ist, was einem Heizkörper gleichkommt, der über ein präzise gesteuertes Thermostat ausgeschaltet wird. Über Sinneszellen in ihren Antennen nimmt die Arbeiterin die Temperatur wahr und registriert, wann sie tätig werden muss und wann nicht.

Die Dauer des Heizvorgangs hängt von der Dringlichkeit der Wärmeregulierung ab, aber auch von der Anzahl der mit Puppen besetzten Zellen in der Nähe der leeren Zelle. Beheizt die Arbeiterin das Innere der freien Zelle, strahlt ihre Wärme auf bis zu 70 Puppen in ihrer Umgebung ab. Denn sie wärmt nicht nur die sechs direkt angrenzenden Zellen, sondern bis zu drei Zellen weit – das sind jeweils rund 35 Zellen auf beiden Seiten der Brutwabe. Theoretischen Berechnungen zufolge sind in vielen Brutnestern die freien Zellen so geschickt verteilt, dass unter energetischen Gesichtspunkten eine nahezu optimale Wärmeübertragung erfolgen kann.

Einmal volltanken, bitte

Die Arbeiterinnen holen sich aus dem Honig die Energie, die sie für ihre anstrengende Heiztätigkeit benötigen. Der eingelagerte Honig dient der Kolonie bei allen anfallenden Tätigkeiten als Brennstoff. Vor allem im Winter ist ein ausreichender Honigvorrat entscheidend für das Überleben der Bienen, die sich – zurückgezogen in der Wintertraube – dank der Energiereserven warm halten können. Um ihren Thorax auf über 40 °C zu erwärmen und diese Temperatur eine halbe Stunde lang zu halten, benötigt die Biene 120 Joule, die sie dem in ihrer Hämolymphe enthaltenen Zucker entnimmt. Während der Aufzuchtphase verbraucht die Kolonie für das Wärmen der Brut rund zwei Millionen Kilojoule. Die dabei erzeugte Wärmeenergie entspricht der einer 20-Watt-Glühbirne – genug, um damit das Innere des Nests zu beleuchten. Die gleiche Energiemenge wird im Winter zum Wärmen der Kolonie aufgewendet.

Die Technologien, mit deren Hilfe man heute einen Bienenstock bis ins Kleinste ausspionieren kann, haben das Rätsel um die glühenden Bienen gelüftet und noch eine weitere Tätigkeit im Leben einer Arbeitsbiene entdeckt. Nach 30 Minuten sind die Energiereserven einer Heizerbiene erschöpft und sie braucht dringend neuen Brennstoff. Doch der Honig ist fluglochfern im oberen Bereich der Kolonie gelagert – also weit entfernt vom Arbeitsort der Heizerbiene, die sich im fluglochnahen Brutnest in der unteren Mitte des Volks aufhält. Damit die Heizerbiene diesen Weg nicht zurücklegen und ihre Aktivität unterbrechen muss, wird sie von einer „Tankstellenbiene“ gefüttert. Diese würgt den Honig hoch und gibt ihn von Mund zu Mund an ihre Schwester weiter (Trophallaxis). Der Honig ist extrem konzentriert und weist bei der Analyse einen hohen Energiewert auf – im Gegensatz zu unreifem Honig oder Nektar.

Die „Tankstellenbiene“ macht die ausgehungerte Heizerbiene, die noch Restwärme ausstrahlt, mithilfe der temperaturempfindlichen Sensoren ihrer Antennen ausfindig. Je höher die Lufttemperatur im Brutnest ansteigt, umso aktiver werden die „Tankstellenbienen“, denn dann muss eine zunehmende Anzahl an Heizerbienen bedient werden. Bleibt die Futterlieferantin aus, kann die Arbeiterin auf Nektar zurückgreifen, der als Notfallreserve in den leeren Zellen lagert.

In einer Zusammenarbeit zwischen der Universität Würzburg und der AUDI-Stiftung für Umwelt wird ein Bienenvolk, das seine Waben frei bauen kann, unter Hightech-Einsatz beobachtet (Smart HOBOS). Benjamin Rutschmann, ein Mitarbeiter des HOBOS-Teams, studiert die Bienenkolonie mittels Wärmekamera. Die höchsten Temperaturen erscheinen in Weiß-Gelb, die niedrigsten in Blau, dazwischen liegt Rot.

Raffinierte Kühlung

Wenn im Sommer brütende Hitze herrscht, muss die empfindliche Brut gegen Überhitzung geschützt werden. Zum Kühlen des Nests nutzen die Bienen mehrere Möglichkeiten. Sie entziehen besonders warmen Wabengassen mit ihren Körpern Wärme und transportieren die Wärme – wie lebende Wärmepumpen – in kühlere Bereiche. Etwas komplizierter ist eine Strategie, die bereits Martin Lindauer entdeckt hat: Die Bienen erzielen einen Kühleffekt durch die Verdunstung von Wasser – ähnlich wie eine Klimaanlage. Spezialisierte Sammlerinnen fliegen aus, um auf der feuchten Erde oder am Rand kleiner Wasserflächen Wasser zu holen. Im Nestinneren streichen Arbeiterinnen eine dünne Wasserschicht am Rand der Zellen oder auf den Zelldeckeln aus. Das Wasser verdunstet und entzieht den Zellen Wärme. Lindauer konnte zudem ein Verhalten beobachten, das er als „Zungenschlagen" beschrieben hat: Eine Arbeiterin würgt einen Wassertropfen hervor und bewegt ihren Rüssel schnell vor und zurück. Dabei wird ein dünner Wasserfilm aufgespannt, der rasch verdampft und eine zusätzliche Kühlung hervorruft[12].

Diese Kühlmethoden wirken nur in kleinen Bereichen und werden von einzelnen Bienen ausgeführt. Eine wesentlich globaler wirkende Kühlung erzielen die Bienen durch präzise aufeinander abgestimmte Zusammenarbeit. An einem sehr heißen Tag kann man auf dem Flugbrett Dutzende Bienen erkennen, die mit vibrierenden Flügeln dem Eingang zur Kolonie zugewandt sind. Sie fächeln als lebende Ventilatoren warme Luft aus dem Stockinneren nach außen, wobei kühlere Luft nachströmt. Durch ihre gemeinsame Anstrengung entsteht ein beachtlicher Luftstrom, der die Temperatur im Bienenstock senken kann.

DIE KOLONIE IM JAHRESLAUF

Frühlingserwachen

Im Februar beginnt die Zeit der Frühblüher: Weiden, Haselnusssträucher, Mandelbäume, Stechginster, Lungenkraut ... stellen wertvolle Nektar- und Pollenquellen für die Bienenvölker nach der Winterpause dar. Die Arbeiterinnen haben viele Wochen im Stockinneren verbracht, haben sich gegenseitig warmgehalten, viele sind gestorben, andere stehen am Ende ihres Lebens. An den ersten warmen Tagen mit Außentemperaturen von 11 – 12 °C fliegen die Bienen in großer Zahl aus, um ihre übervolle Kotblase auf den sogenannten Reinigungsflügen zu leeren. Von den 50 000 bis 80 000 Bienen des vergangenen Sommers ist kaum ein Fünftel übrig geblieben. In der Dunkelheit des Nests durchwandert die Königin bereits wieder die Wabengassen im warmen Zentrum der Bienentraube, sie hält an jeder leeren Zelle an und legt dort ein Ei ab. Nach einer nur kurzen Winterpause beginnt sie bei den ersten Vorboten des Frühlings mit der Eiablage, um den Fortbestand der Kolonie zu gewährleisten.

Im März sind die Tage schon länger und die noch tief stehende Sonne erwärmt und erweckt langsam das Leben auf der Erde. Immer mehr Blüten öffnen ihre Kronen: Buchsbaum, Schlehdorn, Scharbockskraut, Baumheide ... Die Sammlerinnen beeilen sich, um die Lager des Bienenstocks aufzufüllen. Vor allem Pollen wird nun eingetragen, um die neue Generation an jungen Larven zu ernähren.

Dann kommt die Zeit der Obstbaumblüte und der Feldblumen: Kirsche, Apfel, Birne, Weißdorn, Klee und Löwenzahn. Wie eine werdende Mutter nimmt die Kolonie an Gewicht zu – sie ist jetzt rund 40 000 Bienen stark. Die ersten Drohnen schlüpfen im Volk und die Vorräte füllen sich mit Pollen und Honig.

Die große Nektartracht

Der Mai ist die Zeit des Schwärmens. Die Kolonie ist inzwischen auf etwa 60 000 Arbeiterinnen und mehrere Hundert bis Tausend Drohnen angewachsen. Die Honigvorräte sind gut gefüllt, Tausende verschlossene Zellen versprechen ein gutes Brutergebnis und an den äußeren Rändern der Waben hängen auffällige Wachsgefäße: die Wiegen der zukünftigen Prinzessinnen. Eine von ihnen wird die neue Königin der Kolonie werden, sobald zehntausende von Arbeiterinnen mit der alten Königin geschwärmt sind, um eine neue Kolonie zu gründen. Ein paar Tage nachdem der Schwarm ausgezogen ist, schlüpft die Jungkönigin. Nach wenigen Tagen ist sie begattungsreif und geht auf Hochzeitsflug. Kehrt sie erfolgreich und gesund zurück, beginnt sie kurze Zeit später mit der Eiablage.

Auf der gut bevölkerten Brutwabe sind die unterschiedlichen Entwicklungsstadien der Brut erkennbar: weiße Larven (Rundmaden) in verschiedenen Größen sowie verdeckelte Zellen, unter denen sich die Puppen zum fertigen Insekt verwandeln. Die Zellen müssen auf einer Durchschnittstemperatur von 35 °C gehalten werden. Hier und da sind noch Zellen mit orangefarbenem Pollen zu sehen.

12) *Lindauer, Martin (1955):* The water economy and temperature regulation of the honeybee colony. *Bee World. Vol. 36, No. 5. Seite 81 – 92, https://doi.org/10.1080/0005772X.1955.11094876.*

Die Lethargie des Sommers

Juli. Während die Feldblumen in der Hitze verdorren, erblühen Nektartrachten im Unterholz wie Brombeeren, Weidenröschen oder Heidekraut. Mitten im Sommer bereitet sich die Kolonie bereits auf den Winter vor. Die Königin drosselt die Eiablage, die Population des Volks verkleinert sich zunehmend, ab Ende Juli schlüpfen die ersten langlebigen Winterbienen[13] und die Honigbereitung läuft auf Hochtouren. Bei großer Hitze sammeln die Arbeiterinnen vermehrt Wasser, das der Kolonie zur Kühlung dient und ein Überhitzen des Stockinneren verhindert.

Der August hat die Wiesen ausgetrocknet und die Zeit des Überflusses neigt sich ihrem Ende zu. Die meisten Nektarquellen sind versiegt, die Tannen haben noch aromatischen Honigtau zu bieten und der Löwenzahn zeigt seine beständige Blüte. Die Königin legt nur noch äußerst sparsam Eier ab. Im Spätsommer werden die Drohnen vom Futter abgedrängt und von ihren Schwestern aus dem Nest geworfen.

Die Wintertraube

Die winzig kleinen Efeublüten bieten spät im Jahr noch großzügig Pollen und Nektar. Bei den Hummeln, Hornissen oder Wespen, die ebenfalls Staaten bilden, stirbt das Volk im Herbst ab – nur die Königin überwintert und gründet im nächsten Frühjahr eine neue Kolonie. Anders bei den Honigbienen: Da sie die Fähigkeit haben, Wärme zu erzeugen, können einige tausend Arbeiterinnen zusammen mit der Königin den Winter überstehen. Das Volk ist zwar deutlich geschrumpft – damit es von den eingelagerten Vorräten ein paar Monate zehren kann –, aber noch groß genug, um sich gegenseitig warm zu halten.

Im Winter pausiert die Königin eine Zeitlang mit der Eiablage. Gegen Ende des Jahres schlüpfen die letzten Winterbienen. Sobald die Außentemperatur unter 15 °C sinkt, rücken die Bienen enger zusammen. Bei rund 7 °C bildet die gesamte Kolonie im Zentrum des Nests eine große Traube, die mehrere Vorratswaben umfasst. Die Wintertraube lebt nun von den Honigreserven. Von außen betrachtet ist keine Bewegung mehr wahrnehmbar. Die Bienen scheinen zu schlafen, wäre da nicht dieses brummende Geräusch, das man im Winter hören kann, wenn man ein Ohr an den Eingang des Bienenstocks legt. Was machen die Bienen?

Mit der Wärmebildkamera konnte man die Vorgänge im Inneren der Wintertraube sichtbar machen: Die Bienen heizen, allerdings nicht ununterbrochen, sondern zyklisch. Sie gehen dabei erstaunlich effizient mit ihrer Energie um. In einem Abstand von mehreren Tagen heizt die Kolonie regelmäßig die Temperatur im Herzen der Wintertraube auf rund 30 °C hoch, indem die Bienen – aufgetankt mit Honig – ihre Flugmuskulatur erzittern lassen. Sie halten die Wärme einen Tag lang aufrecht. Danach lassen sie die Nesttemperatur wieder absinken – allerdings nur bis zu einer Mindestgrenze von 10 °C, unterhalb der die Bienen steif werden würden. Vermutlich sind die Heizperioden notwendig, um den vor Kälte erstarrten Honig soweit zu verflüssigen, dass die Bienen ihn mit ihrem Rüssel einsaugen können.

Die Bienen am Rand der Wintertraube kühlen bis auf ungefähr 13 °C deutlich ab, ihr Stoffwechsel ist auf Sparflamme heruntergefahren. Sie pressen ihre Körper eng aneinander, sodass sie einen isolierenden Mantel bilden. Damit sie nicht erfrieren, wechseln sie regelmäßig ihre Position mit den Bienen aus dem aufgewärmten Kern der Traube. Erst wenn sich Bienen der Peripherie bis zum Zentrum vorgearbeitet haben, erreichen sie wieder den nötigen Wärmegrad, können Nahrung aufnehmen und betätigen sich ihrerseits als Heizerbienen. Auf diese Weise kann die Kolonie mehrere Wintermonate verbringen, in denen bis zu 15 000 Arbeiterinnen ständig das vibrierende Herz um die Königin herum erneuern. Rund ein Drittel der Winterbienen endet leblos auf dem Boden des Nests, bevor das große Erwachen im Frühling erneut einsetzt.

In friedlicher Eintracht sammeln eine Biene und ein Schmetterling Nektar auf derselben Blüte. Außer Honigbienen sind viele Schmetterlinge sowie zahlreiche Wildbienen – darunter Hummeln und Solitärbienen – an der Bestäubung der Blühpflanzen beteiligt. Eine Vielfalt, die für die Natur lebenswichtig ist.

13) *Die Winterbienen kommen in der zweiten Jahreshälfte zur Welt und überstehen zusammen mit der Königin die Wintermonate. Sie leben deutlich länger als ihre im Sommer geborenen Schwestern (Sommerbienen).*

Zahlreiche Bienenstöcke in der Nähe des Forclaz-Passes (Haute-Savoie). Während des Winters bildet jede Kolonie eine Wintertraube, die sich von ihren Honigvorräten ernährt. Die Überlebensfähigkeit der Bienen im Winter beruht auf der bemerkenswerten Wirtschaftlichkeit des kleinen Volks: genug Bienen, um die Temperatur aufrechtzuerhalten, und genug Honig, um über die kalten Monate zu kommen.

Wenn im Mai auf der Hochebene von Larzac der Thymian blüht, fliegen die Sammlerinnen zahlreich aus … und der Imker setzt neue Zargen auf seine Bienenstöcke, in denen die Bienen ihren Honigüberschuss lagern.

Fest verankert auf dem Flugbrett und mit aufgerichtetem Hinterleib fächelt die Biene mit ihren Flügeln, um das Nasanovpheromon in der Luft zu verteilen. Die Drüse, die das Pheromon produziert, sitzt im hinteren Bereich des Abdomens – hier gut an dem hellen Bereich zwischen den Segmenten erkennbar.

Zwei Pollensammlerinnen fliegen über die Blüten einer Zistrose. Auch wenn die Zistrose keinen Nektar produziert, wird sie doch wegen ihres reichhaltigen Pollenangebots von den Bienen eifrig aufgesucht.

Im März werden zahlreiche Insekten vom Nektar der früh blühenden Pflanzen, hier ein wilder Pflaumenbaum, angezogen. Auf dem Foto sieht man eine wilde Mauerbiene der Gattung Osmia im Flug sowie eine Honigbiene auf einer Blüte sitzend. Gegen Ende des Winters ist das wachsende Bienenvolk auf den Nektar der Frühblüher angewiesen, um seine Vorräte wieder aufzufüllen. Doch die Tage sind noch kurz und die Temperaturen erlauben meistens nur ein kleines Zeitfenster, in dem die Sammlerinnen ihrer Tätigkeit nachgehen können.

Eine Blüte des Feigenkaktus bestäubt mit ihrem Pollen großzügig eine geschäftige Sammlerin. Wegen der langen Staubgefäße von *Opuntia ficus* müssen die Bienen kopfüber eintauchen, um an den Nektar zu gelangen.

Im Brutnest füttert eine „Tankstellenbiene“ eine Heizerbiene durch Nahrungsaustausch von Mund zu Mund (Trophallaxis). Die anstrengende Heiztätigkeit erfordert sehr viel Energie, die die Bienen aus dem Honig beziehen.

Die Königin erkennt man an ihrem rötlichen, auffällig langen Hinterleib, der auf ihre Rolle als Mutter der gesamten Kolonie hindeutet. Sie kann bis zu fünf Jahre alt werden, wohingegen die Arbeiterinnen im Sommer nur 17–50 Tage lang leben.

DIE KÖNIGIN

„Sie haben eine Königin, die sie nie in den Krieg führt, die sich, wie es scheint, nie in Staatsangelegenheiten einmischt, und deren Königswürde darin besteht, dass sie fruchtbar ist – doch diese Fruchtbarkeit ist erstaunlich. Sie erzeugt tausende von Kindern, sie macht nichts anderes. Sie besitzt einen großen Palast, der in unzählige Kammern unterteilt ist, von denen jede mit einer Wiege (...) ausgestattet ist, und sie wird in jeder einzelnen Kammer, einer nach der anderen, niederkommen.“

BERNARD LE BOVIER DE FONTENELLE
Gespräche über die Vielzahl der Welten, 1686[1]

1) *Zitiert nach:* Tavoillot, Pierre-Henri, Tavoillot, François (2017): *L'abeille (et le) philosophe*, Odile Jacob, Paris, Seite 243.

DIE KÖNIGIN

LEBEN UND BESTIMMUNG

Die Königin ist die größte der drei Bienenwesen einer Kolonie und kann drei bis fünf Jahre alt werden – wesentlich älter als eine Arbeiterin oder ein Drohn. Sie bewahrt das Erbgut der Kolonie, die Eizellen sowie die Samenzellen ihrer Paarungspartner, die nach dem Hochzeitsflug als lebenslanger Vorrat in der Spermathek in ihrem langgestreckten Hinterleib lagern. Von den rund 50 000 Bienen eines Volks ist die Königin das einzig fruchtbare Weibchen.

Mörderische Prinzessinnen

Wenn die Zeit der Fortpflanzung – des Schwärmens – gekommen ist, beginnen die Arbeiterinnen Zellen für neue Königinnen zu errichten, bevor die alte Königin und ein Teil des Volks das Nest verlassen. Vor allem an den unteren Rändern der Waben entstehen sogenannte Weisel- oder Königinnenzellen – ungleichmäßige Wachsgebilde, die senkrecht nach unten hängen und rund zehnmal größer sind als Arbeiterinnenzellen. Die Entwicklung vom Ei zu einer Königin braucht 16 Tage, im Gegensatz zur Entwicklungszeit von 21 Tagen bei einer Arbeiterin und 24 Tagen bei einem Drohn.

Die Arbeiterinnen bauen vorsichtshalber mehrere Königinnenzellen, dennoch wird es später nur eine Königin im Volk geben. Sobald die erste Jungkönigin geschlüpft ist, erzeugt sie mithilfe ihrer Flugmuskulatur Vibrationen, die für uns wie ein hohes Tuten klingen. Auf einen langen Ton folgen mehrere kurze Töne, damit signalisiert sie den schlupfreifen Jungköniginnen, dass es bereits eine Königin gibt. Die Jungköniginnen antworten ihr aus ihren verschlossenen Zellen heraus, weswegen ihre Vibrationen dumpfer und tiefer klingen. Wenn die Kolonie genügend Bewohner zählt und die Bedingungen gut sind, wird ein weiterer Teil des Volks zusammen mit der jungen Königin aus dem Bienenstock ausziehen: Ungefähr eine Woche nach dem Vorschwarm geht der Nachschwarm ab. Sobald die Signale der ausgezogenen Jungkönigin verstummen sind, ist der Weg frei und die nächste Jungkönigin schlüpft. Gibt es jedoch keinen Nachschwarm, tötet die geschlüpfte Königin die anderen Jungköniginnen in deren Zellen: Sie schneidet mit ihren Mundwerkzeugen seitlich ein Loch in die Zellen, um ihren Stachel einführen zu können und sticht zu. Schlüpfen zwei Jungköniginnen gleichzeitig, folgt ein Kampf auf Leben und Tod.

Der Stachel der Königin ist nicht zur Verteidigung der Kolonie gedacht, sie setzt ihn nur gegen andere Königinnen ein. Doch das ist nicht der einzige Unterschied zwischen der Königin und den Arbeiterinnen. Die Königin besitzt weder Wachsdrüsen, noch Futtersaftdrüsen oder Pollenhöschen, ihr Thorax ist voluminöser, Kopf und Gehirn sind kleiner, ihre Augen haben weniger Facetten und mit ihrer kurzen Zunge kann sie keinen Nektar sammeln. Ihr Körper ist perfekt für ihre Funktion als Mutter der gesamten Kolonie ausgestattet – mit einem langen Hinterleib, in dem ihre Fortpflanzungsorgane und die Spermathek sitzen.

Mutter aller Bienen

Nach einer nur kurzen Winterpause beginnt die Königin bei den allerersten Anzeichen des Frühlings – oft bereits sehr früh im Jahr – mit der Eiablage. Während sie beständig Eier legt, ernähren und wärmen die Ammen- bzw. Heizerbienen die aus den Eiern geschlüpften Larven. Die Eiablage variiert je nach Jahreszeit, da sie von den Blütezeiten bestimmt wird[2]. Doch im Durchschnitt produziert die Mutter jedes Jahr bis zu 200 000 Eier. Im Sommer legt sie bis zu 2 000 Eier pro Tag – das sind ein bis zwei Eier pro Minute –, was ihrem eigenen Körpergewicht entspricht. Nicht alle Eier reifen heran und nicht alle sind identisch. Die etwas geräumigeren Zellen für die männlichen Bienen werden vom Frühjahr bis Spätsommer gebaut. Bevor die Königin mit der Eiablage beginnt, inspiziert sie die leere Zelle, indem sie mit Kopf und Vorderbeinen hineintaucht und den Hohlraum abschätzt. In eine etwas größere Zelle legt sie ein unbefruchtetes Ei, das nur ihre Gene trägt – daraus wird eine männliche Biene schlüpfen. Handelt es sich hingegen um eine Arbeiterinnenzelle, befruchtet sie die Eizelle mit Samenzellen aus ihrer Spermathek und aus dem Ei entwickelt sich weibliches Tier.

Auch wenn die Königin nicht das Sagen im Bienenstaat hat, ist ihre Aufgabe für das Überleben der Kolonie so entscheidend, dass sie im Mittelpunkt der Aufmerksamkeit steht – sowohl bei den Bienen der Kolonie als auch beim Imker. Ist sie geschwächt, zu alt oder ist der Vorrat ihrer Spermathek erschöpft, zögern weder Imker noch ihre Töchter, sie durch eine neue Königin zu ersetzen.

Vorige Seite: Einige Imker markieren ihre Königinnen mit einem farbigen Punkt, um sie bei der Völkerdurchsicht leichter finden zu können. Die Farbe des Punkts gibt außerdem einen Hinweis auf das Alter der Weisel.

Bevor die Königin mit ihrem länglichen Hinterleib in eine leere Zelle taucht, um ein Ei auf dem Zellenboden zu platzieren, inspiziert sie die Zelle. Sie legt ihre Eier nur in tadellos sauberen Wabenzellen ab, deren Wände von einer jungen Putzbiene geglättet wurden.

2) *Vgl. Kapitel „Superorganismus“, Seite 41 – 43.*

Aus der Not geboren

Stirbt die Königin oder ist – zum Beispiel nach einer unvorsichtigen Völkerdurchsicht durch den Imker – plötzlich verschwunden, herrscht im Volk eine absolute Notsituation. Solange die Kolonie noch über Eier oder höchstens drei Tage alte Larven verfügt[3], können die Bienen gewöhnliche Arbeiterinnenbrutzellen zu Königinnenzellen umbauen. Sie verlängern eine ursprünglich waagerecht angelegte Sechseckzelle, bis eine nach unten hängende, sogenannte Nachschaffungszelle entsteht. Im Gegensatz zu normalen Weiselzellen, die am Wabenrand liegen, können sich die Nachschaffungszellen in der Mitte der Brutwabe befinden.

Die Königin verkörpert die nahe und ferne Zukunft der Kolonie. Bemerkt ein Imker beim Öffnen eines Bienenstocks ein viel lauteres Summen als sonst und unruhig umherlaufende Bienen, kann es sein, dass das Volk keine Königin mehr hat. Das Summen stammt von tausenden Bienen, deren Flügel ununterbrochen erzittern und ungewöhnlich weit abgespreizt sind (normalerweise sind sie angelegt). Fehlen zudem Eier sowie junge Larven, hat seit mehreren Tagen keine Eiablage mehr stattgefunden. Die weisellose Kolonie benötigt dringend eine neue Königin, da in so einem Fall die Arbeiterinnen keine Möglichkeit der Nachschaffung mehr haben. Wird die Notlage vom Imker nicht rechtzeitig erkannt, übernimmt eine bzw. mehrere Arbeiterinnen die Eiablage. Durch das Ausbleiben des königlichen Pheromonstroms bilden sich bei bestimmten Arbeiterinnen die Eierstöcke aus. Allerdings können diese Arbeiterinnen nur unbefruchtete Eier legen, das heißt, es werden ausschließlich Drohnen schlüpfen. Solche Arbeiterinnen werden deswegen als Drohnenmütterchen bezeichnet und das Volk gilt als drohnenbrütig. Ohne die Hilfe des Imkers, der eine Ersatzkönigin ins Volk gibt, ist die Kolonie dem Untergang geweiht.

WAS EINE KÖNIGIN AUSMACHT

Jedes Ei wird von der Königin aufrecht stehend am Boden einer offenen Zelle abgelegt. Nach und nach neigt es sich zur Seite und am vierten Tag schlüpft die Larve. Diese wird mit Königinnenfuttersaft (Gelée royale oder funktionell zutreffend „Schwesternmilch") aus den Kopfdrüsen der Ammenbienen gefüttert. Königinnenlarven bekommen den Futtersaft ihr Leben lang, Arbeiterinnenlarven hingegen nur die ersten drei Tage, danach werden sie zunehmend mit einem Gemisch aus Pollen und Honig versorgt. Eine Arbeiterinnenlarve hat in nur neun Tagen ihr Gewicht vertausendfacht, nach zehn Tagen vier Häutungen hinter sich gebracht und 25 µl[4] Gelée royale aufgenommen. Ihre Brutzelle wird von ihren Schwestern mit einem luftdurchlässigen Wachsdeckel verschlossen. Die perlmuttschimmernde Larve hat sich inzwischen gestreckt und ausgedehnt, sodass sie in ihrer Zelle findet kaum noch Platz. Sie bereitet sich auf ihre Verpuppung und beginnt, Seidenfäden für ihren Kokon zu weben. Die Metamorphose von der Puppe zum fertigen Insekt vollzieht sich in der Dunkelheit der verdeckelten, sechseckigen Kammer. Allmählich bilden sich Organe, Beine und Flügel aus. Am 21. Tag nach der Eiablage ist die Arbeiterin voll entwickelt, sie durchschneidet den schützenden Wachsdeckel mit ihren Mundwerkzeugen und schlüpft aus ihrer Zelle.

Das Ei, aus dem später die Königin schlüpft, ähnelt in jeder Hinsicht dem einer Arbeiterin. Auch die Larvenstadien vollziehen sich auf gleiche Weise, sind aber zwei Tage früher beendet. Die königliche Puppe benötigt nur vier Tage für ihre Metamorphose, während eine Arbeiterin durchschnittlich elf Tage dafür braucht.

Eine mehrere Tage alte Drohnenlarve. Vor der Eiablage inspiziert die Königin jede Zelle. Wenn sie eine Zelle als Drohnenzelle (die um ein Drittel größer ist als eine Arbeiterinnenzelle) identifiziert, legt sie dort ein unbefruchtetes Ei ab. Handelt es sich um eine Arbeiterinnenzelle, legt sie eine befruchtete Eizelle hinein.

3) Da alle Larven die ersten drei Tage mit Königinnenfuttersaft ernährt werden, können die Bienen in Ausnahmesituationen aus den ganz jungen Arbeiterinnenlarven Königinnen ziehen, Vgl. Abschnitt „Was eine Königin ausmacht".
4) 1 µl (Mikroliter) = 0,001 ml (Milliliter).

Die ersten drei Tage ihres Lebens sind alle Larven identisch, doch dann entscheidet sich ihr Schicksal. Eine zukünftige Königin wird weiterhin mit Gelée royale ernährt, während die Kost einer zukünftigen Arbeiterin zunehmend mit Honig und fermentiertem Pollen vermengt wird. Königinnenzellen hängen mit der Schwerkraft nach unten. Sie haben einen Durchmesser von rund 8 mm und sind etwa 17 mm lang.

Die Königin ist von ihrem sogenannten Hofstaat umgeben. Die Arbeiterinnen folgen ihr überallhin, sie unterstützen sie bei der Eiablage, nehmen ihr den Kot ab, ernähren und pflegen sie. Die Mutter kann bis zu 2000 Eier pro Tag legen, im Lauf eines Jahres bis zu 200000. Mit dem farbigen Punkt, der vom Imker aufgetragen wurde, wird das Alter der Königin bezeichnet.

Diese frisch geschlüpfte Prinzessin wird von einer Arbeiterin begrüßt. Die Kolonie braucht nur eine Königin, dennoch ziehen die Arbeiterinnen immer mehrere Königinnen auf. So gehen sie kein Risiko ein, falls eine Jungkönigin einmal nicht vom Hochzeitsflug zurückkehren sollte.

Epigenetik – wenn die Umwelt die Funktion von Genen beeinflusst

Faktoren aus der Umwelt eines Organismus können sogenannte epigenetische Mechanismen in Gang setzen, die die Genexpression modifizieren. Solche Faktoren können Temperatur, Ernährung und Gerüche sein oder prägende Ereignisse im Laufe des Lebens eines Individuums. Sie können zu tiefgreifenden Veränderungen im Verhalten und / oder in der Physiologie des betroffenen Lebewesens führen. Derartige Veränderungen können sogar von einer Generation auf die nächste übertragen werden und sind auch wieder umkehrbar.

Honigbienen bieten wunderbare Beispiele für epigenetische Änderungen – sie sind besonders faszinierend, da die Bienen selbst die Umweltbedingungen bieten, die epigenetische Folgen haben. Die Versorgung der Laven künftiger Königinnen mit „Schwesternmilch" und das Heizen der Puppen im Brutnest haben entscheidende Einflüsse auf das, wozu das Erbgut der so behandelten Individuen umgesetzt wird.

Königliche Speise in geräumigen Zellen

In den ersten Tagen nach dem Schlüpfen erhalten Arbeiterinnen-, Drohnen- und Königinnenlarven zwar die gleiche Kost, das Gelée royale, doch keinesfalls dasselbe Maß an Aufmerksamkeit. Die zukünftige Königin wird von den Ammenbienen zehnmal häufiger aufgesucht und erhält daher mehr Weiselfuttersaft. Erst am dritten Tag nach dem Schlüpfen der Larve aus dem Ei bzw. dem sechsten Tag nach der Eiablage unterscheidet sich zudem die Art der Ernährung. Die Königinnenlarve schwimmt regelrecht im Futtersaft, von dem sie sich bis zum Puppenstadium ernährt. Die Kost der zukünftigen Arbeiterinnen ist hingegen weniger üppig und wird nach und nach durch ein Gemisch aus fermentiertem Pollen und Honig ersetzt. Diese Abweichungen hinsichtlich Qualität und Quantität der Nahrung sowie die ungleiche Größe der Brutzelle setzen bei den Larven unterschiedliche komplexe biochemische Reaktionsketten in Gang.

Das Gelée royale besteht vorwiegend aus Wasser (60 – 70 %), einfachen Zuckern (9 – 23 %), Eiweißstoffen (10 – 18 %, davon ein großer Teil Aminosäuren) und Fetten (4 – 8 %). Es ist eine Kombination aus Mineralstoffen, Spurenelementen (unter anderem Calcium, Magnesium, Kalium, Natrium, Zink), zahlreichen Vitaminen und antibakteriellen bzw. antibiotischen Verbindungen. Unter allen natürlichen Nahrungsmitteln besitzt Gelée royale als einziges eine bioaktive Fettsäure, die 10-HDA (10-Hydroxydecansäure), die für das Wachstum der Larven zuständig ist.

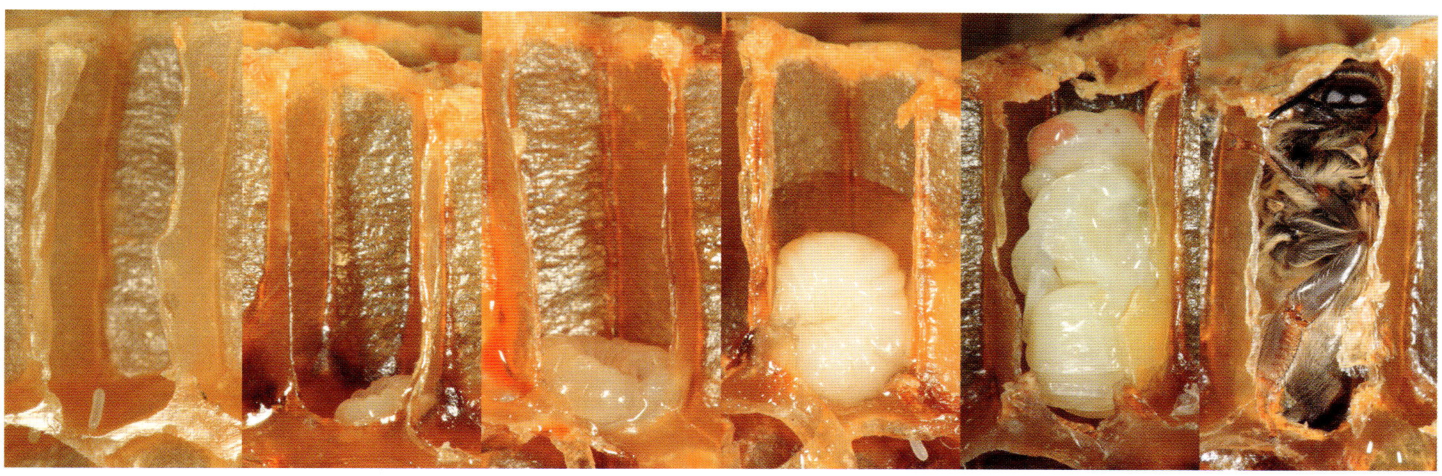

Das frisch gelegte Ei misst 1,5 mm. Anfangs steht es aufrecht am Boden der Zelle, am zweiten Tag neigt es sich und am dritten Tag liegt es.

Am vierten Tag schlüpft aus dem Ei eine winzige Rundlarve. In den ersten drei Tagen erhält die Larve Futtersaft (Gelée royale), danach zusätzlich Pollen und Honig. Dabei vergrößert sie ihr Gewicht um das Tausendfache. Nach vier aufeinanderfolgenden Häutungen streckt sich die Larve, webt sich einen Kokon und ihre Zelle wird von den Ammenbienen mit einem luftdurchlässigen Wachsdeckel verschlossen. Am 13. Tag nach der Eiablage ist aus der Larve eine Puppe geworden und die Metamorphose beginnt. Nach und nach verwandeln sich die Organe. Kopf, Brustkorb und Hinterleib entwickeln sich, Beine, Flügel und Antennen bilden sich heraus, während sich zuerst die Augen färben, danach der restliche Körper. Zwölf Tage nach dem Verdeckeln der Zelle – 21 Tage nach der Eiablage – ist die fertig entwickelte Arbeiterin bereit zum Schlüpfen.

Bei einer Königin dauert die Entwicklung vom Ei zum erwachsenen Insekt nur 16 Tage, bei einer Drohne 24 Tage.

Der Duft der Königin

Die Königin setzt aus ihren Mandibulardrüsen Pheromone frei – duftende Botenstoffe, die auf die Arbeiterinnen einwirken. Das wichtigste ist das Königinnenpheromon. Es ist Bestandteil der olfaktorischen Signatur einer Kolonie und damit auch eine Art Passierschein für zurückkehrende Bienen, die an den Wächterinnen vorbei müssen. Im Stockinneren beeinflusst das Königinnenpheromon Verhalten sowie Physiologie der Bienen. Über ihren Duft vermittelt die Königin allen Bienen im Volk: „Ich bin da, ich bin fruchtbar und ich übernehme die Eiablage für euch."

Die Königin ist von einem sogenannten Hofstaat aus sechs bis zehn Bienen umgeben, die sie pflegen und ihr überallhin folgen. Die Arbeiterinnen des Hofstaats haben ihre Köpfe bzw. ihre Antennen immer der Mutter zugewandt. Ab und zu kommen andere Bienen hinzu, um die Königin mit ihren Antennen zu berühren. Sie verteilen den königlichen Duft auf ihren Vorderbeinen, laufen 15 – 30 Minuten lang quer durch das Nest und sorgen auf diese Weise für eine Verbreitung des Königinnenpheromons im ganzen Volk. Lässt die Fruchtbarkeit der Königin nach, werden die Arbeiterinnen über die schwindende Menge des Königinnenpheromons in Kenntnis gesetzt und beginnen mit dem Bau von Weiselzellen. Auch wenn das Volk im Frühjahr stark anwächst, erhalten die Arbeiterinnen nicht mehr die erforderliche Tagesdosis von 0,001 mg des Pheromons[5]: Sie ziehen sich neue Königinnen heran und bereiten sich auf das Schwärmen vor. Sollte der schlimmste Fall eintreten – der Tod oder das Verschwinden der Königin –, so reichen wenige Minuten aus, um diese Notsituation auf allen Waben des Bienenstocks bekannt zu machen.

Das Königinnenpheromon ist eine ausgeklügelte Mischung aus mindestens 24 Bestandteilen, darunter fünf Hauptkomponenten. Eine der Komponenten verhindert den Bau von Königinnenzellen, eine andere spielt eine aktive Rolle bei der Hemmung der Eierstockentwicklung von Arbeiterinnen.

DER HOCHZEITSFLUG

Einige Tage nach ihrer Geburt unternimmt die Jungkönigin einen oder mehrere Erkundungsflüge. Sobald die Bedingungen günstig sind – eine Außentemperatur von 18 – 20 °C, Sonnenschein und wenig Wind –, wird sie von den Arbeiterinnen aus dem Bienenstock gedrängt: Sie muss auf dem bevorstehenden Hochzeitsflug begattet werden, bevor sie mit der Eiablage im Volk beginnen kann. Auf ihrem Flug setzt sie ihr Königinnenpheromon frei – ein unwiderstehliches Locksignal für die Drohnen aus anderen Bienenvölkern der näheren Umgebung.

Die Drohnen fliegen mit Gegenwind, geleitet von ihrem ausgezeichneten Geruchssinn und Sehvermögen. Das schnellste Männchen holt die Königin in einer Höhe von bis zu 20 m ein, umklammert sie mit den Beinen und koppelt sein Begattungsorgan an das der Königin an. Die Umarmung ist kurz und für den Drohn tödlich. Er stülpt seinen Endophallus etwa zur Hälfte aus und hängt daraufhin gelähmt an seiner Paarungspartnerin. Die Königin zieht ihre Hinterleibsmuskeln zusammen, wodurch der Endophallus komplett ausgestülpt wird und es zur Übertragung von bis zu elf Millionen Samenzellen kommt. Durch die plötzliche Bewegung platzt der Hinterleib des Männchens mit einem hörbaren Knall und der erfolgreiche Liebhaber fällt tot zur Erde.

Doch der Hochzeitsflug geht weiter: Ein Drohn liefert zwar genügend Spermien für das gesamte Leben der Königin, so käme aber keine genetische Vielfalt für den Nachwuchs der Königin zustande. Vielfachpaarung ist das Ziel des Hochzeitsflugs. Angelockt vom Duft und den optischen Eigenschaften des abgerissenen Endophallus, der als sogenanntes Paarungszeichen vorerst in der Geschlechtsöffnung der Königin stecken bleibt, ist der nächste Drohn an der Reihe. Die Begattung kann sich mehr als zehnmal wiederholen, wobei jedes Männchen das Paarungszeichen seines Vorgängers entfernt. Von diesen Liebesspielen in luftiger Höhe bringt

Vorige Seite: In der Dunkelheit des Bienenstocks spielen Pheromone eine bedeutende Rolle, allen voran das Königinnenpheromon. Es stellt die olfaktorische Signatur der Kolonie dar und wird von den Arbeiterinnen im ganzen Nest verteilt. Die Anwesenheit des Pheromons hemmt die Entwicklung der Eierstöcke bei den Arbeiterinnen und informiert über die Fruchtbarkeit der Königin. Sollten die Fruchtbarkeit und demnach auch der Duft nachlassen, beginnen die Arbeiterinnen mit dem Bau von Königinnenzellen.

Eine Königinnenlarve schwimmt in ihrer Brutzelle in Gelée royale. Durch die Zähflüssigkeit des Futtersafts bleibt die Larve in der Flüssigkeit, obwohl die Weiselzelle nach unten hin offen ist.

5) *Collectif (2013):* La Bible de l'apiculteur. Abeilles, miels et autres produits. *Editions Delachaux et Niestlé, Paris, Seite 115.*

die Königin gerade einmal sechs Millionen Samenzellen ins Nest zurück – weniger als 10 % der Menge, die von den Drohnen geliefert worden sind. Mehr haben in der Samenvorratstasche der Königin keinen Platz. Das Sperma der verschiedenen Drohnen bewahrt die Königin gut geschützt in ihrer Spermathek auf. Dort bleiben die Samenzellen frisch und befruchten mehrere Jahre lang die Eier der Königin. Oft trägt die zukünftige Stockmutter bei ihrer Rückkehr ins Nest noch das Paarungszeichen ihres letzten Liebhabers in sich. Für die Arbeiterinnen, die die Königin davon befreien, ist es das Zeichen eines erfolgreichen Begattungsflugs.

Die Begleitgruppe

Beim Hochzeitsflug entfernt sich die jungfräuliche Königin mehrere Kilometer vom Nest. Sie kennt sich in der Umgebung nicht aus und kann leicht von räuberischen Wespen, Hornissen oder Vögeln erbeutet werden. Um das Risiko zu minimieren, wird sie von rund 20 Arbeiterinnen begleitet. Außerdem lassen sich im Frühjahr zur Mittagszeit, wenn die Drohnen und Jungköniginnen der verschiedenen Völker zum Begattungsflug aufbrechen, sogenannte Vorspielflüge beobachten: Zahlreiche Arbeiterinnen fliegen vor den Bienenstöcken auf und ab, während die Sammeltätigkeit im Volk deutlich nachlässt. Die Ansammlungen hielt man früher für Orientierungsflüge der jungen Arbeiterinnen. Doch ist der Großteil dieser Bienen bereits älter und es sind erfahrene Sammlerinnen darunter, die keine Orientierungsflüge mehr brauchen. Sobald die Jungkönigin mit ihrem Begleittrupp losfliegt, löst sich die Vorspielwolke auf. Sie formiert sich erst wieder, wenn die Königin nach der Befruchtung zurückkehrt. Die Vorspielgruppe betätigt sich als eine Art Schutzschild und Wegweiser für ihre Königin – eine Strategie, durch die die meisten Königinnen unversehrt zurückkehren können.

Im Dienst der genetischen Vielfalt

Drohnen sind dank ihrer physiologischen Eigenschaften perfekt für den Hochzeitsflug vorbereitet. Sie sind schwerer, untersetzter und in Bezug auf Flugfähigkeit, Sehkraft und Geruchssinn den Arbeiterinnen weit überlegen. Ihre kräftige Flügelmuskulatur erlaubt ihnen ausdauernde Langstreckenflüge und auf ihren Antennen befinden sich siebenmal mehr olfaktorische Sinneszellen als bei ihren Schwestern. Dank ihrer großen Facettenaugen, die mit 10 000 Ommatidien (Einzelaugen) fast den gesamten Kopf ausmachen, können sie eine jungfräuliche Königin im Flug inmitten von tausenden Artgenossen ausfindig machen.

Da sich die Königin nur ein einziges Mal im Lauf ihres Lebens paart, muss bei diesem einmaligen Ereignis sowohl die genetische Vielfalt bewahrt als auch Inzucht vermieden werden. Deswegen ist es bedeutend, dass die Jungkönigin von rund einem Dutzend Drohnen begattet wird. Nicht einmal im Paarungsrausch zeigen die Drohnen die unter männlichen Tieren ansonsten übliche Aggressivität, obwohl tausende von ihnen hinter einer einzigen Königin her sind. Um Inzucht zu vermeiden, findet die Paarung in einiger Entfernung vom Nest statt, damit die Drohnen aus möglichst vielen unterschiedlichen Kolonien und möglichst nicht aus der eigenen Kolonie stammen.

Die Drohnen, die nicht beim Begatten einer Jungkönigin ums Leben kamen, sterben spätestens im Spätsommer. Drohnen brauchen zwei- bis dreimal so viel Nahrung wie eine Arbeiterin. Wenn sich die Kolonie auf den Winter vorbereitet, werden sie von ihren Schwestern nicht länger gefüttert bzw. aus dem Stock geworfen und verhungern.

Vorige Seite: Zur Paarungszeit fliegen die Drohnen aller Bienenvölker drei- bis viermal täglich aus, um auf sogenannten Drohnensammelplätzen in der Luft riesige Ansammlungen aus mehreren tausend paarungswilligen Männchen zu bilden. Sie warten tagtäglich auf eine jungfräuliche Königin. Angelockt durch das Königinnenpheromon geht die wilde Jagd los: Bei fast 30 km/h vollbringen die Drohnen echte Luftakrobatik. Rechts im Bild sieht man, wie die junge Königin von einem Drohn eingefangen wird.

In rund 10 m Höhe hat der schnellste Drohn die Jungkönigin mit seinen Vorderbeinen eingefangen und begattet sie. Die Umklammerung endet für ihn tödlich. Die Drohnen entfernen sich für den Hochzeitsflug bis zu 7 km weit von ihrer Kolonie. Meistens findet die Paarung in 3 km Entfernung statt.

Der Nutzen der Drohnen

Trotz ihrer wesentlichen Rolle als Begatter scheinen die Drohnen auf den ersten Blick in unnötig großer Zahl vorhanden zu sein. Mit ihrer kurzen Zunge sind sie weder in der Lage, Nektar sammeln, noch können sie Nektar in Honig umwandeln oder sonstige bienentypische Tätigkeiten in der Kolonie verrichten. Dennoch beeinflussen Drohnen das Leben der Kolonie noch auf andere Art ... Wie genau, wissen wir noch nicht. Erwiesen ist, dass sie – ähnlich wie die Heizerbienen – zur Wärmeerzeugung im Brutnest ihre kräftigen Flügelmuskeln aktivieren. Aristoteles schrieb vor 400 Jahren: „Es ist gut, wenn man in einem Bienenstock Drohnen hat, da ihre Anwesenheit die Aktivität der Arbeiterinnen erhöht[6]."

Vor allem in der konventionellen Bienenhaltung zählen das Ausschneiden und Vernichten eines Großteils der Drohnenbrut heute zur gängigen Imkerpraxis – nicht nur weil Drohnen keinen Beitrag zur Honigproduktion leisten, sondern weil sich die Varroamilbe bevorzugt in länger verschlossenen Drohnenbrutzellen vermehrt[7]. Doch gibt es inzwischen eine große Gegenbewegung von Imkern, die von der grundlegenden Bedeutung der Drohnen für die Vitalität der Bienenvölker überzeugt sind[8]. Ebenso erforschen zahlreiche Initiativen und Versuchsimkereien nachhaltige, ökologische und artgerechte Betriebsweisen in der Bienenhaltung. In Frankreich ließ man die Bienen von rund 40 Bienenstöcken naturgemäß – also ohne vorgefertigte Wachsmittelwände[9] – ihre Waben bauen, woraufhin die Arbeiterinnen 20 – 30 % Drohnenzellen konstruiert hatten. Am Ende der Bienensaison stellte sich heraus, dass diese Kolonien von allen Bienenstöcken am produktivsten waren. Die inzwischen leeren Drohnenbrutzellen waren mit Honig und Pollen gut gefüllt, die Herbstbrut fiel üppig aus, die Winterverluste hielten sich in Grenzen und es gab weder mehr noch weniger Varroamilben als in den Testbienenstöcken[10].

6) Aristoteles (1883): Histoire des animaux. *Paris, Librairie Hachette et Cie, Buch IX, Kapitel 40.*
7) Der Vermehrungserfolg von Varroa destructor ist in den Brutzellen, in denen Drohnen heranwachsen, höher als in Arbeiterinnenbrutzellen. Durch die längere Verdeckelungszeit der Drohnenbrut können sich in der verschlossenen Drohnenbrut mehr Milbenweibchen entwickeln. Vgl. auch „Ein inzestuöser Blutsauger", Seite 149.
8) Die bienen- oder wesensgemäße Imkerei basiert auf den Richtlinien der Demeter-Bienenhaltung. Sie setzt sich für einen ökologischen und nachhaltigen Umgang mit den Bienen ein, indem sie die natürlichen Bedürfnisse des Bienenvolks und nicht den maximalen Honigertrag in den Vordergrund stellt.
9) Viele Imker löten in die Rähmchen künstlich gefertigte Mittelwände aus Bienenwachs. Mittelwände sind mit einer Sechseckstruktur vorgeprägt, die der Größe der Zellen der Arbeiterinnenbrut entspricht und das Anlegen von Drohnenbrutzellen im Bienenvolk verhindert. Die Demeter-Bienenhaltung schreibt Naturwabenbau im Brutnest vor: Die Bienen bauen die Waben selbst und errichten – je nach Bedarf – Arbeiterinnen- oder Drohnenzellen. Naturbauwaben sind zudem dünner und nie komplett im Rähmchen fixiert. So kann die Wabe schwingen – eine wesentliche Voraussetzung für die Kommunikation im Bienenvolk. Vgl. Kapitel „Die Architektur des Nests", Seite 179 und 191.
10) Quelle: www.abeille-et-nature.com/indexphp?cat=vie-des-abeilles&page=faux_bourdons (November 2016).

Diesen Drohn erkennt man an seiner imposanten Größe und den immens großen Augen. Männliche Bienen können weder Nektar sammeln noch die Kolonie verteidigen (sie besitzen keinen Stachel). Obwohl sie oft für faul oder gar unnütz gehalten werden, sind sie für das Überleben der Kolonie unerlässlich – nicht nur hinsichtlich der Fortpflanzung.

Die junge Königin auf dem Hochzeitsflug, auf dem sie nacheinander von mehreren Drohnen begattet wird. Etwa ein Dutzend Drohnen sind nötig, um ihre Spermathek zu füllen. Danach kehrt sie in die Kolonie zurück, die sie bis zur Schwarmzeit nicht mehr verlässt.

Eine Buckfast-Königin inspiziert eine Zelle. Im Gegensatz zu früher lässt sich heute die Hofstaatbildung, bei der sich ein Kreis von Arbeiterinnen um die Königin schart, seltener beobachten. Vielleicht liegt das an den volksfremden Zuchtköniginnen, die von den meisten Imkern ins Volk gebracht werden, statt den Bienen selbst die Königinnenaufzucht zu überlassen?

Der Natternkopf bietet Bienen, Hummeln und Schmetterlingen viele Wochen lang eine reiche Nektartracht. Insekten sind für die Bestäubung dieser entomogamen Pflanze unerlässlich.

BIENEN UND BLÜTEN

„Vermehrt die Blüten: damit sie durch eure Pflege an den Gräsern, Pflanzen und auf den Bäumen erblühen. Damit in eurem Garten Oregano, Thymian, Feldthymian, Bergminze, Melisse, wilde Veilchen, Affodill, Zitronengras, Majoran, Hyazinthe (...), Narzisse, Safran, alle duftenden Kräuter mit ihren wohlriechenden Blüten gedeihen. Damit man auf Rosen, Lilien, Saubohnen, Rosmarin, Efeu trifft; damit man Jujube, Mandel-, Pfirsich- und Birnbäume, Obstbäume, deren Blüten nichts Bitteres in sich tragen, erblickt; und – unter den Waldbäumen – die Eiche mit ihren Eicheln, die Terebinthe, der Mastixstrauch, die Zeder, die Linde, die Steineiche und die Pinie."

PALLADIUS
L'économie rurale[1] (Buch IV, März – Über die Bienen)

1) *Palladius Rutilius Taurus Aemilianus (3./4. Jh.): De Re Rustica. Neuübersetzung von M. Cabaret-Dupaty (1843), C. L. F. Panckoucke, Paris.*

BIENEN UND BLÜTEN

Die ersten Blütenpflanzen, die heute 70 % im Pflanzenreich ausmachen, traten vor 150 Millionen Jahren auf. Die älteste uns bekannte Biene wurde vor 100 Millionen Jahren in einem Bernstein eingeschlossen. Im Laufe der Evolution hatten Bienen und Blütenpflanzen viele Millionen Jahre Zeit und passten sich perfekt aneinander an.

EIN EINGESPIELTES TEAM

Anfangs wurde der Blütenpollen ausschließlich vom Wind verbreitet, was die Vermehrung der Pflanzen dem Zufall überließ. Dann entdeckten die Vorläufer unserer Insekten, beispielsweise der Goldglänzende Rosenkäfer, die Vorzüge des Pollens. Die Käfer fraßen den Pollen samt Staubgefäße, während sie sich von Blüte zu Blüte weiterbewegten. Ging dabei etwas Pollen verloren und lagerte sich auf den weiblichen Blütenböden ab, kam es zur Befruchtung. Die Insekten bestäubten zwar effizienter als die unberechenbaren Winde, von Nachteil war allerdings ihre zerstörerische Gefräßigkeit. Die Blütenpflanzen verfolgten also eine andere Strategie: Sie entwickelten Düfte, Signalfarben sowie auffällige Blütenformen und boten zuckerhaltigen Nektar als Nahrung an. So wurden Nektar sammelnde Insekten angelockt, die den Blütenpflanzen im Gegenzug eine zielsichere Bestäubung garantieren.

Blütenpflanzen und Bestäuberinsekten perfektionierten ihre symbiotische Teamarbeit im Laufe der Jahrmillionen immer weiter. Die Pflanzen verlegten ihre Fortpflanzungsorgane ins Bluteninnere, wo sie vor Witterungseinflüssen und Räubern geschützt sind. Außerdem muss die Biene, um an den Nektar zu gelangen, tiefer in die Blüte krabbeln. In ihrem Haarkleid bleiben Pollenkörner hängen, die die männlichen Keimzellen der Pflanze enthalten. Fliegt die Biene zum Sammeln zur nächsten Blüte, bestäubt sie – aus Versehen – mit dem Pollen in ihrem „Pelz“ das weibliche Empfangsorgan der Pflanze. Es kommt zur Befruchtung und aus der Blüte kann sich eine Frucht entwickeln, die wiederum den Samen für die Vermehrung der Pflanze in sich trägt.

Für die Bienen, die im kurzwelligen UV-Bereich des Sonnenlichts wahrnehmen können, tragen viele Blüten sogenannte Saftmale, die die ultraviolette Strahlung reflektieren. Diese für uns unsichtbaren Wegweiser zeigen präzise, wo Nektar und Pollen zu finden sind und erleichtern den Sammlerinnen die Arbeit. Bei manchen Blüten verändert sich das Saftmal, sobald sie befruchtet sind. Kleine, eher unscheinbare Blüten werden gut wahrgenommen, wenn sie an dünnen Stängeln wachsen und bei der leichtesten Brise ins Wanken geraten. Denn Bienen reagieren stark auf Bewegungen.

Vorige Seite: Schopflavendel bietet den Bienen ein reichhaltiges Nektarangebot. Er blüht in den östlichen Pyrenäen und im Mittelmeerraum bereits ab dem Frühjahr.

Bei jedem Blütenbesuch bleibt Blütenpollen im Haarkleid der Biene hängen. Zum Transport bürstet sie den Pollen in ihre Pollenhöschen. Manchmal verlieren die Bienen bei der Rückkehr in den Bienenstock ihr Sammelgut. Dieses Pollenhöschen besteht aus drei bis vier Millionen Pollenkörnchen.

Die Blütenpflanzen locken Sammlerinnen mit Düften, Signalfarben und zuckerhaltigem Nektar an. Selbst die für unsere Wahrnehmung unauffälligen Blüten des Byzantinischen Wollziests – auch Eselsohr genannt – zeigen ihre Wirkung.

Die Kornelkirschbäume, aus denen man Kirschlikör herstellt, sind das Wahrzeichen des Dorfes Saint Hilaire du Rosier im Gebiet des Isère-Flusses. Jeder Baum liefert täglich bis zu 2 kg Nektar. Um Konkurrenz zu vermeiden, produzieren die Bäume auf den rund 60 ha großen Plantagen ihren Nektar zu unterschiedlichen Zeiten.

Um sich im Wettstreit um die summenden Bestäuber nicht unnötig zu verausgaben, begrenzen Blütenpflanzen ihre Nektarproduktion auf bestimmte Tageszeiten. Geheimnisvollerweise kennen die Bienen diese Zeiten. Die verschiedenen Blüten unterscheiden sich auch in der Qualität des Nektars und sprechen damit verschiedene Bestäuberinsekten an. Überdies werden die Nektare nicht alle in der gleichen Temperatur angeboten. Mithilfe einer Wärmebildkamera ließ sich zum Beispiel erkennen, dass Hummeln einen Nektar von höherer Temperatur bevorzugen.

Da die Bienen sehr präzise bestäuben, sind die Blüten sparsamer in der Herstellung von Pollen geworden. Die Bienen wiederum haben ihre Anatomie angeglichen und beispielsweise Mundwerkzeuge entwickelt, mit denen sie tasten, schneiden und lecken können. Die Zunge der in Europa heimischen Honigbiene *Apis mellifera mellifera* kann 6,4 mm weit ausgefahren werden, um ins Innere der Blüten zu gelangen[2].

Es gibt aber eine noch subtilere gegenseitige Anpassung. Im Flug nehmen die Bienen eine geringe positive elektrische Ladung auf, während die mit der Erde verbundenen Blüten ein schwach negativ geladenes elektrisches Feld von rund 30 Volt aufbauen. Kommen die beiden Felder in Kontakt, werden die Pollenkörnchen unwiderstehlich zur sammelnden Biene hingezogen und bleiben in ihrem „Pelz“ haften.

Die elektrische Ladung der Blüten spielt noch eine weitere bedeutsame Rolle. Einer Studie des Schweizer Wissenschaftlers Daniel Robert von der Universität Bristol zufolge[3] locken Blüten über elektrische Ladungen Bestäubungsinsekten (im Rahmen der Studie waren es Hummeln) an. Bei einer Blüte, die gerade von einem Insekt besucht worden war und somit keinen Nektar mehr enthielt, ging die elektrische Ladung merklich zurück. Das Experiment wurde mit künstlichen Blumen fortgesetzt, die mit Zuckerwasser befüllt und mit Mini-Elektroden ausgestattet waren. Die Hummeln zogen systematisch die Blüten mit einer elektrischen Ladung vor und ignorierten Blüten ohne Ladung bzw. mit einer Ladung unter 10 Volt, selbst wenn diese Blüten Zuckerwasser enthielten. Diese elektrischen Hinweise stellen einen immensen Vorteil dar, da Bestäuberinsekten bereits im Anflug darüber informiert werden, ob sich das Nektarsammeln in einer Blüte lohnt oder nicht.

Eine Nektarsammlerin auf einer Robinienblüte, auch Scheinakazie genannt. Blütenpflanzen senden – wenn sie Nektar anzubieten haben – ein negatives elektrisches Feld aus, das von den Sammlerinnen wahrgenommen wird.

2) Brandt et al. (2005) zitiert in: Pahl, M., Tautz, J., Zhang, S. (2010): Honeybee Cognition. *In: Animal Behaviour: Evolution and Mechanisms. Springer, Heidelberg. Kapitel 4, Seite 3.*

3) Clarke, D., Robert, D., Sutton, G., Whitney, H. (2013): Detection and learning of floral electric fields by bumblebees. *Science, 340 (6128), Seite 66 – 69, doi: 10.1126/science.1230883.*

ENERGIEQUELLE UND KRAFTNAHRUNG

Das Überleben des Bienenvolks hängt vom Nektar und Pollen der Blüten ab. Pollen stellt für die Bienen eine proteinhaltige Kraftnahrung dar. Der im Nektar enthaltene Zucker dient als Energiequelle, die noch ergiebiger ist, wenn der Nektar von den Bienen in Honig umgewandelt wurde.

Aus Nektar wird Honig

Bienen ernähren sich hauptsächlich von Honig – eine Kolonie produziert bis zu 300 kg pro Jahr, von dem der Imker den geringsten Teil ernten kann. Denn der Großteil des Honigs wird in Wärmeenergie umgesetzt: zum Heizen des Brutnests und im Winter zum Wärmen der Wintertraube.

Von jedem ihrer Flüge trägt eine Sammelbiene bis zu 40 mg Nektar in den Bienenstock – das ist fast die Hälfte ihres eigenen Körpergewichts. Eine Kirschblüte kann täglich über 30 mg Nektar produzieren – der gesamte Kirschbaum 2 kg –, während eine Apfelblüte nur 2 mg hervorbringt.

Die Umwandlung von Nektar in Honig beginnt bereits auf dem Rückflug durch ein Enzym in der Honigblase der Sammlerin. Am Bienenstock angekommen gibt die Sammlerin ihre Gabe von Mund zu Mund an eine Lagerverwalterin weiter, die sich an einen ruhigen Ort zurückzieht und die Umwandlung des Nektars in Honig fortsetzt. Sie würgt den Nektar tropfenweise hoch, bewegt ihn zwischen ihren Mundwerkzeugen und schluckt ihn abermals hinunter, wobei er zunehmend mit Enzymen angereichert und eingedickt wird. Der Prozess wird solange wiederholt, bis die zuckerige Flüssigkeit den größten Teil ihrer Feuchtigkeit verloren hat. Der Wassergehalt ist von 60 % auf 20 % gesunken. Diese mit großer Geduld durchgeführte Transformation dauert ungefähr 20 Minuten, danach füllt die Lagerverwalterin den Inhalt ihrer Honigblase in eine leere Vorratszelle. Bei einem Feuchtigkeitsgehalt des Honigs von 18 % ist der Honig reif: Er ist haltbar und kann nicht mehr fermentieren. Erst dann wird die Zelle mit einem luftundurchlässigen Wachsdeckel verschlossen.

Aus Pollen wird Bienenbrot[4]

Wie alle Lebewesen des Tierreichs stecken die Bienen eine beträchtliche Energie in die Aufzucht ihrer Brut. Pollen spielt dabei eine wesentliche Rolle. Jede frisch geschlüpfte Larve wird zunächst mit dem Königinnenfuttersaft Gelée royale ernährt, dem am vierten Tag Pollen und Honig beigemischt werden. Um die Futtersaftdrüsen aktiv zu erhalten, die das Gelée royale produzieren, müssen auch die Ammenbienen große Mengen an Pollen verzehren.

Jedes Jahr werden 20 – 30 kg Pollen ins Nest transportiert, das sind 15 mg pro Sammelbiene und Flug bei ein bis zwei Millionen Flügen insgesamt. Um ihre Pollenhöschen zu füllen, muss die Sammlerin viele verschiedene Blütenkelche aufsuchen. Die Sammlerin verklebt den frisch geernteten Pollen für den Rücktransport zum Bienenstock mit etwas Nektar an ihren Hinterbeinen zu den bienentypischen Pollenhöschen. Im Stock wird das Pollenhöschen abgestreift und von einer Arbeiterin zu einer Vorratszelle gebracht. Bevor sich der Pollen als Futter eignet, wird auch er umgewandelt. Die Lagerverwalterin drückt den Pollen mit dem Kopf am Zellenboden fest und versiegelt ihn sorgfältig mit einer hauchdünnen Schicht aus Honig. Unter Luftausschluss kommt ein Fermentierungsprozess in Gang: In den zwei darauffolgenden Wochen vermehren sich Bakterien und Hefepilze und wandeln den Pollen in das sogenannte Bienenbrot um.

Während frisch eingetragener Pollen alle möglichen Farben aufweist, hat sich die Farbpalette des Bienenbrots auf Ocker- und Brauntöne reduziert. Da das Bienenbrot antibakteriell wirkt, muss die Zelle nicht zusätzlich verschlossen werden. Es besitzt einen angenehmen, süßsauren Geschmack und einen Nährwert, der den des Pollens weit übertrifft.

Die Sammlerin bürstet den Blütenpollen aus ihrem Haarkleid, reichert ihn mit Speichel und Pollen an und formt die Masse an ihren Hinterbeinen zu den typischen Pollenhöschen. Im Inneren des Stocks wird der Pollen von einer Lagerverwalterin zu einer Vorratszelle gebracht, wo sie ihn mit dem Kopf am Zellenboden festpresst.

4) *Aosan, Cristina (März 2015):* Pain d'abeilles naturel. *Abeilles & Cie, No. 166, Seite 25 – 29.*

Lagerverwalterinnen stampfen Pollen in die Vorratszellen. Er wird mit einer feinen Honigschicht überzogen, wodurch er nach und nach fermentiert. Dieses sogenannte Bienenbrot stellt die Proteinquelle der Kolonie dar und besitzt darüber hinaus bakterizide, bakteriostatische und keimtötende Eigenschaften.

Über ihre lange Zunge nimmt die Arbeiterin Nektar oder Honig zu sich. Damit sich Nektar in Honig verwandelt, muss sein Feuchtigkeitsgehalt auf 18 % reduziert werden. Erst dann ist der Honig reif und haltbar.

GEFLÜGELTE LIEBESBOTEN[5]

Fast 90 % aller wild wachsenden Blütenpflanzen sind bei ihrer Vermehrung von Bestäubern abhängig. Neben Käfern, Ameisen, Vögeln, bestimmten Säugetieren, Fledermäusen, Primaten oder Beuteltieren sind das hauptsächlich geflügelte Insekten: Fliegen, Schmetterlinge, Wespen und allen voran Honigbienen sowie Wildbienen[6]. 80 % der Blütenpflanzen auf unserer Erde werden von Insekten bestäubt. Insgesamt sind das 170 000 Pflanzenarten, die sich auf diese Weise fortpflanzen – davon 40 000, denen es ohne die Liebesdienste der Honigbienen sehr schlecht ginge. Für diese immense Blütenmenge stehen weltweit gerade einmal neun Bienenarten der Gattung *Apis* zur Verfügung. Acht Honigbienenarten leben in Asien und eine war ursprünglich nur in Europa und Afrika heimisch: *Apis mellifera*, die Westliche oder Europäische Honigbiene. Sie wurde durch den Menschen auf allen Kontinenten verbreitet und spielt in der Imkerei heute weltweit die größte Rolle.

Der Arbeitseifer eines Bienenvolks macht die Honigbiene zum bevorzugten Bestäuber der Blüten. Die Sammlerinnen eines einzigen Bienenstocks können an einem Frühlingstag mehrere Millionen Blüten bestäuben, bis zu 3 000 Blütenbesuche pro Biene. Anders als Wildbienen oder andere Insekten, die beim Sammeln häufig die Blütenart wechseln, ist die Honigbiene blütenstet: Sie bleibt der gleichen Blütenspezies solange treu, bis diese Nektarquelle versiegt ist. Dieses Sammelverhalten garantiert der Pflanze eine sichere Bestäubung, da der Pollen nicht unnötigerweise auf eine andere Spezies übertragen wird. Auch die Biene hat davon einen Vorteil, denn sie kennt sich bereits aus und muss bei der unerschöpflichen Formenvielfalt der Blüten der nicht jedes Mal von Neuem den schnellsten Weg zum Nektar finden.

Bienen und bestimmte Hummeln (die für die Bestäubung in Gewächshäusern eingesetzt werden) gehören außerdem zu denjenigen Bestäubern, die quasi das ganze Jahr über zur Verfügung stehen. Landwirte sowie Obst- und Gemüsegärtner wenden sich oft an Imker, wenn ihre Kulturen bestäubt werden sollen.

Unbezahlbare Dienstleistungen[7]

Die Bestäubung von Agrarpflanzen ist auch aus rein ökonomischer Sicht immens bedeutend: Weltweit sind 5 – 8 % der landwirtschaftlichen Produktion von der Dienstleistung aller Bestäuber abhängig, was einem Wert von jährlich 235 – 577 Milliarden US-Dollar[8] entspricht. Nicht nur der Ertrag, auch die Qualität von über drei Viertel des globalen Nahrungsmittelanbaus hängen davon ab – das sind 35 % der weltweiten Produktion. Diese Zahlen werden sich höchstwahrscheinlich noch verändern, da der Produktionsumfang der Kulturen in den letzten 50 Jahren um 300 % gestiegen ist. In welchem Ausmaß wir von Bestäubern abhängig sind, ist kaum vorstellbar: Ihre völlige Ausrottung hätte zur Folge, dass die globale Produktion bei diesen Kulturen um 85 % zurückgehen würde.

Im Hinblick auf den ökonomischen Nutzen der Bienen sprechen die europäischen Zahlen eine deutliche Sprache. Den Bestäubungsdiensten der Sammlerinnen verdanken wir 14 Milliarden Euro pro Jahr, davon 2,5 Milliarden allein in Frankreich[9]. Und dieser Service ist kostenlos.

Die Verkettungen des Lebens

Die großartige Vielfalt der Lebewesen hat sich in vielen Millionen Jahren herausgebildet und mit ihr entstanden unzählige ineinandergreifende und voneinander abhängige Ökosysteme. So gesehen ist die Rolle der Bestäuber noch viel umfangreicher und beschränkt sich nicht auf die Reproduktion und Fruchtbildung der Pflanzen, die unsere Nahrung sichern. Honigbienen und andere Bestäuberinsekten spielen vielmehr eine zentrale Rolle für den Erhalt der Artenvielfalt und das Funktionieren der natürlichen Kreisläufe. 87,5 % der wild wachsenden Blütenpflanzen – das sind rund 308 000 Arten – sind von bestäubenden Insekten abhängig. Und diese Pflanzen bilden die Lebensgrundlage unzähliger Spezies, indem sie Wirbellosen, Vögeln und Säugetieren Schutz und Nahrung bieten.

5) Quellen: Jürgen Tautz sowie Weltbiodiversitätsrat IPBES (Intergovernmental Science-Policy Platform on Biodiversity and Ecosystem Services), Februar 2016.
6) Weltweit gibt es rund 20 000 Bienenarten. Die meisten von ihnen sind solitär lebende Wildbienen, wie zum Beispiel die Mauerbienen und Pelzbienen. Auch Hummeln zählen zu den Wildbienen, die allerdings Staaten bilden. Wildbienen sind neben Honigbienen ebenfalls sehr bedeutsame Bestäuber.
7) Quelle: étude Ipbes (Intergovernmental science-policy Platform on Biodiversity and Ecosystem Services), Februar 2016.
8) Zahl aus dem Jahr 2015.
9) Alle Bienenarten zusammengenommen. Quelle: Ministerium für Umwelt, Energie und Meer, November 2016.

Eine Pollensammlerin über einer Apfelblüte. Der Pollen ist wesentlicher Bestandteil der Nahrung für die Larven, die älter als drei Tage sind. Die Apfelblüte könnte ihrerseits keine Frucht tragen, ohne die Bestäubungsleistung der Insekten.

Ansicht einer Kolonie von innen und außen. Auf dem Flugbrett herrscht ein reger Betrieb von abfliegenden und ankommenden Sammlerinnen, während im Inneren des Bienenstocks die Arbeiterinnen damit beschäftigt sind, Nektar in Honig und Pollen in Bienenbrot umzuwandeln und zu lagern.

Wie die meisten Obstbäume sind auch die Apfelbäume dieser Plantage allogam bzw. autosteril. Die Fruchtbarkeit der Spezies hängt zu 90 % von den Bienen ab.

Eine der wichtigsten Genossenschaften für Apfelproduzenten stellt 200 Bienenstöcke pro Jahr in unterschiedlichen Obstplantagen auf. Apfelbäume werden mit zahlreichen Pestiziden und Herbiziden behandelt – eine echte Gefahr für die Bienen.

Eine Sammlerin auf einer Löwenzahnblüte. In den Ländern mit gemäßigtem Klima bietet der Löwenzahn im Frühling den Bienen reiche Nahrung in Form von Pollen und Nektar. Sein Honig wird von Kennern sehr geschätzt.

Mandelbäume sind zu 100 % von Fremdbefruchtung (Allogamie) abhängig und auf den Besuch der Bienen angewiesen. Die Plantagenbetreiber in Capestang im Héraut arbeiten mit Imkern zusammen, die ihre Bienenstöcke zwischen den Mandelbäumen aufstellen.

Pfirsichbäume in Saint-Féliu-d'Avall. Das Schwemmland im Têt-Tal (östliche Pyrenäen) bietet günstige Bedingungen für Obstbäume. Die Region war lange Zeit auf Mandelbäume spezialisiert, heute werden hier Pfirsichbäume angepflanzt.

Eine Sammlerin beim Besuch einer Glockenblume. Durch ihr blütenstetes Sammelverhalten bestäubt die Honigbiene besonders effizient, denn sie besucht solange Blüten derselben Pflanzenart, bis diese Trachtquelle erschöpft ist.

Sammelbienen orientieren sich am Stand der Sonne. Da sie in der Lage sind, polarisiertes Licht wahrzunehmen, stellt auch ein wolkenverhangener Himmel für sie kein Problem dar. Hier haben es die Sammlerinnen nicht weit: Direkt vor dem Bienenstock blüht der Lavendel – eine ergiebige Nektarquelle.

DIE SAMMLERINNEN

„Was für die Bienen sichtbar ist, das werden die Menschen mit den Augen ihres Körpers in ihrem ganzen Leben nicht erblicken. Wir müssen jedoch so klug sein, in unserem Geist die Träume zu betrachten, die wie Reflexe des Unergründlichen vorüberziehen, ohne je die Ursachen dafür zu suchen."

HENRY DE MONFREID
Le Roi des Abeilles, 1937

DIE SAMMLERINNEN

Die meisten von uns kennen Honigbienen, die auf Blumen und Bäumen Nektar oder Pollen sammeln. In Wirklichkeit verbringen Bienen allerdings den Großteil ihres kurzen Lebens in der warmen Dunkelheit des Nests – erst am Ende ihres Lebens wird eine Arbeiterin zur Sammlerin und begibt sich für die anstrengenden und gefährlichen Sammelflüge ins Freie.

Getrennt von ihren Stockgenossinnen ist eine Sammlerin zahllosen Gefahren ausgesetzt[1]: Spinnen lauern gut getarnt auf den Blüten, darunter die blitzartig zuschlagende Krabbenspinne, die ihre Körperfärbung dem Untergrund anpasst. Wassersammlerinnen laufen Gefahr, von Fröschen und Kröten gefressen zu werden[2]. Bienenwölfe – aus der Familie der Grabwespen – erbeuten sammelnde Honigbienen für ihren Nachwuchs. Ebenso nehmen sich Gottesanbeterinnen und Hornissen sowie Insekten fressende Vögel ihren Anteil, ohne dabei den Bienenstock in Gefahr zu bringen. Nur der Bienenfresser, ein Zugvogel, kann an einem einzigen Tag bis zu 250 Bienen verzehren und stürzt sich auf seinen Wanderungen scharenweise auf die Bienenstöcke.

DIE WELTENBUMMLER

Die Sammelbienen eines Volks lassen sich mit einem riesengroßen Netz vergleichen, das sich rund um den Bienenstock über ca. 3 000 ha erstreckt und mit Informationen gespickt ist, von denen keine einzige Blüte ausgenommen ist. Theoretisch könnten die Bienen sogar mehr als 3 000 ha abdecken – bis zu 10 km in jede Richtung. Doch der hohe Energieverbrauch für die Hin- und Rückflüge wäre für die Kolonie nicht mehr wirtschaftlich. Normalerweise entfernen sich die Sammlerinnen höchstens 2 – 4 km weit von der Kolonie. Welches Wissen haben sie von Geburt an? Sind sie in der Lage zu erkennen, welche Blütenarten reich an Nektar sind und zu welcher Tageszeit? Wie finden sie den Weg zu den ergiebigsten Blüten, bzw. den Weg zurück zum Nest? Bei der Sammeltätigkeit spielen sehr viele Informationen und Parameter eine bedeutende Rolle – es ist ein erfolgreiches Ineinandergreifen von Instinkt, erlernten und weitergegebenen Kenntnissen, von Kommunikation, Kooperation und Anpassung.

Sammlerinnen sind durchschnittlich 18 bis 40 Tage alt. Die Neulinge unter ihnen absolvieren einige Erkundungsflüge, bevor sie – vorerst begleitet von erfahrenen Bienen – ihre Sammeltätigkeit aufnehmen[3]. Ihr Kompass ist die Sonne. Bei wolkenverhangenem Himmel orientieren sich die Sammelbienen am Polarisationsmuster des Himmels und nutzen ihre Fähigkeit, kurzwelliges, polarisiertes Licht wahrnehmen zu können. Wenn zwischen zwei Sammelflügen mehrere Stunden liegen und sich der Stand der Sonne durch die Erdrotation verschoben hat, speisen die Bienen diese Abweichung in ihren inneren Kompass ein und finden trotzdem ihren Weg[4]. Als weitere visuelle Hilfe dient ihnen die Landschaft: Bäume, Sträucher, Felsen ... werden zu Orientierungspunkten, die sowohl den Rückweg zum Nest als auch den Weg zu den bereits besuchten Blüten markieren.

Mit den Augen der Bienen

Bienen sehen weniger scharf als wir Menschen. Die Facettenaugen einer Arbeiterin bestehen aus rund 5 500 Ommatidien (Einzelaugen), wodurch alles Wahrgenommene in eine Vielzahl von Lichtpunkten zerlegt wird. So erkennt eine Biene die exakte Form einer Blüte erst aus der Nähe, in einer Entfernung von etwa 30 cm. Bewegt sich hingegen ein Objekt in ihrem Gesichtsfeld sehr schnell oder fliegt die Biene selbst mit höherer Geschwindigkeit, werden die Ommatidien der Reihe nach ein- bzw. ausgeschaltet und die kleinste, noch so rasche Bewegung wird sofort erkannt. Beim Menschen reichen 24 Einzelbilder pro Sekunde für die Wahrnehmung einer zusammenhängenden Bewegung aus, bei den Bienen sind 200 bis 300 Bilder notwendig.

Vorige Seite: Sammelbienen sind die Dienstältesten und gleichzeitig die erfahrensten und lernfähigsten Bienen der Kolonie. Die gelben Blüten des Kreuzkrauts haben viel Pollen und Nektar zu bieten.

Unter dem Elektronenmikroskop sind die Ommatidien des Bienenauges gut zu erkennen. Das Facettenauge einer Arbeiterin besteht aus 5 500 Einzelaugen.

1) *Die vom Menschen ausgehende direkte oder indirekte Vernichtung der Bienen wird später noch thematisiert.*
2) *Wobei sich Froschlurche auch von Wachsmotten ernähren, was wiederum vorteilhaft für das Überleben der Kolonie ist. Wachsmotten sind Nachtfalter, die 50 bis 150 Eier im Innern des Bienenstocks legen. Sobald die Larven geschlüpft sind, fressen sie Pollen, Honig und Wachs, wobei sie sich durch ein Netz aus Seidenfäden vor den Bienen schützen.* Galleria mellonella *kann einem geschwächten Bienenvolk beträchtlichen Schaden zufügen.*
3) *Vgl. Kapitel „Superorganismus", Seite 29.*
4) *Karl von Frisch entdeckte dies im Jahr 1967.*

Die Sammlerinnen sehen die Welt „verpixelt“ und in den drei Farben Grün, Blau und Ultraviolett. Rot können Bienen nicht wahrnehmen. Sie schätzen die zurückgelegte Distanz anhand des optischen Flusses der Landschaftselemente ab, die von jeder Facette ihres Auges reflektiert werden.

Wie wir Menschen sehen Bienen trichromatisch, das heißt, ihnen stehen zur Farbwahrnehmung drei verschiedene Farbrezeptoren zur Verfügung. Doch anders als unsere Blau-, Grün- und Rotrezeptoren reagieren ihre Sehzellen empfindlich auf blaues, grünes und ultraviolettes Licht. Grün spielt eine Schlüsselrolle beim Einschätzen von Bewegungen und Entfernungen, während Blau- und Gelbtöne für Bienen von Geburt an am attraktivsten sind.

Auf dem Kopf der Bienen befinden sich zudem drei Einzelaugen, mit denen keine Bilder wahrgenommen, sondern Schwankungen der Lichtintensität registriert werden. Dadurch können Bienen den hellen Ausgang im dunklen Bienenstock erkennen und ihren Flug entsprechend dem Horizont stabilisieren[5].

Das Auge als Kilometerzähler

Bienen gehen sparsam mit ihrer Energie und ebenso mit ihrem Erinnerungsvermögen um. Ihr winzig kleines Gehirn ist nicht in der Lage, alle Informationen zu speichern, die zum Beispiel während des Flugs gesammelt werden. Das Gehirn muss selektieren. Wenn eine Sammlerin auf einer Blüte landet, kann sie die Farben unterscheiden. Kehrt sie aber mit gefüllter Honigblase zum Bienenstock zurück, fällt ihr die Farbwahrnehmung schwer. Im Flug muss sie sich auf die Bewegungen konzentrieren bzw. auf die Motivabfolge, aus denen sich die Landschaft zusammensetzt. Ihre Farbwahrnehmung wird zurückgestellt und die Biene empfängt nun ein monochromes und „verpixeltes" Bild. Dieses Maßhalten geht noch viel weiter. Einer Studie zufolge orientieren sich Bienen in einer vertrauten Umgebung an visuellen Bezugspunkten und verzichten auf ihr solares Navigationssystem, während sie in unbekanntem Terrain vorzugsweise die Sonne als Orientierungshilfe benutzen, um ins Nest zurückzufinden[6]. Je nach Bedarf verändert sich die Wahrnehmung der Biene bzw. sind andere Sinne aktiviert.

Die Sammlerinnen nutzen eine weitere ungewöhnliche Fähigkeit: die visuelle Odometrie oder den optischen Kilometerzähler. Im Flug nimmt jede einzelne Facette ihrer Augen die Umrisse und Winkel der Landschaft wahr. Durch diesen optischen Fluss können die Bienen ihre Fluggeschwindigkeit einschätzen – wie wir beim Autofahren, wenn die Landschaft in Bildern an uns vorbeizieht. Doch messen die Bienen dabei zudem die zurückgelegte Entfernung. Den gewonnenen Entfernungseindruck übermitteln sie im Schwänzeltanz[7] an die im Nest zurückgebliebenen Sammlerinnen. Der „Kilometerzähler" im Auge verwendet nur einen der drei Zelltypen, die zur Unterscheidung der drei Farben im Bienenuniversum nötig sind: den Rezeptor für die Farbe Grün – der Farbton, der in der Natur am häufigsten vorkommt.

Um sich an Formen und Farben der nektarreichen Blüten erinnern zu können, benötigen die Sammlerinnen zwischen drei und fünf Erkundungsflüge. Dies gilt jedoch nicht für Gerüche.

Eine Welt der Düfte

Eine Sammlerin prägt sich den Duft einer Blüte bereits beim ersten Kontakt ein, selbst wenn er aus zahllosen Komponenten besteht. Sie erkennt diesen Duft in 90 % aller Fälle wieder. Bekommt sie einen Duft – in Verbindung mit einer süßen Belohnung – zwei- bis dreimal präsentiert, liegt ihre Trefferquote bei 100 %.

Gerüche sind lebenswichtige Informationsquellen, die den Sammlerinnen von der Umwelt zur Verfügung gestellt werden. Dank der 60 000 olfaktorischen Rezeptoren, die sich auf den Antennen konzentrieren, können Bienen eine beinahe unbegrenzte Anzahl von Gerüchen unterscheiden. Sammlerinnen fliegen fast immer gegen den Wind zu den Blüten, da sie den mit Geruchsmolekülen angereicherten Luftstrom zurückverfolgt haben – unter Umständen über eine sehr große Entfernung hinweg. Trotz blütensteter Sammelarbeit wird nicht jede Blüte derselben Art von den Sammlerinnen angeflogen. Warum werden manche Blüten ausgelassen? Sobald eine Biene den letzten Tropfen Nektar aus einem Blütenkelch entnommen hat, markiert sie die Blüte durch ein chemisches Signal. Damit informiert sie andere Sammlerinnen: „Verschwendet hier keine Zeit, es gibt nichts mehr zu holen." Das Signal verblasst nach einer Weile – passend zur Zeitspanne, die die Blüte braucht, um ihren Nektarvorrat aufzufüllen.

Das Heidekraut blüht im Spätsommer in den gemäßigten Regionen. So zart sein Duft auch sein mag, die Sammlerin kann ihn dank ihrer 60 000 olfaktorischen Rezeptoren wahrnehmen. Er prägt sich für immer in ihr Gedächtnis ein.

5) *Anchling, Francis (2004):* La vision chez l'abeille, un sens très complexe. *www.labeilledefrance.com/index.php/le-numero-en-cours.*
6) *Chittka, L., Kunze, J., Shipman, C., Buchmann, S. L. (1995):* The Significance of Landmarks for Path Integration in Homing Honeybee Foragers. *Naturwissenschaften 82, Seite 341–343.*
7) *Vgl. Kapitel „Intelligenz und Kommunikation", Seite 217.*

WWW.HOBO

Die Kundschafterinnen

Besonders erfahrene Sammlerinnen werden zu Kundschafterinnen. Sie bilden eine Gemeinschaft von mehreren hundert Bienen pro Kolonie mit der wichtigen Aufgabe, unbekanntes Terrain zu erforschen. Sobald eine Kundschafterin von einem erfolgreichen Erkundungsflug zurückkehrt, teilt sie diese Entdeckung ihren Schwestern im Inneren des Bienenstocks durch einen Tanz mit[8].

Nicht jede Sammlerin wird Kundschafterin. Die Kundschafterinnen kristallisieren sich während der Schwarmzeit heraus, dem natürlichen Vermehrungsprozess der Bienen: Nachdem der Schwarm aus dem alten Bienenstock ausgezogen ist, brechen sie in alle Richtungen auf, um für die vorübergehend obdachlose Kolonie eine Bleibe zu finden. Ist der Schwarm in ein geeignetes Zuhause eingezogen, suchen sie die Landschaft rund um das neue Nest nach ergiebigen Nahrungsquellen ab. Als Wissenschaftler die Genexpression im Gehirn von Kundschafterinnen und Sammlerinnen verglichen, stießen sie auf tausende Unterschiede. Und sie konnten beweisen, dass Kundschafterinnen die gleichen Moleküle produzieren wie Extremsportler: vor allem Glutamat, Oktopamin und Dopamin[9].

WASSER DES LEBENS

Wasser ist für Bienen genauso lebenswichtig wie für jede andere Lebensform auf Erden. Alle Arbeiterinnen sind in der Lage, in ihrer Honigblase Wasser zu sammeln und es zum Bienenstock zu transportieren, aber nur 10 % von ihnen erfüllen diesen Dienst. Es sind für diese gefährliche Aufgabe spezialisierte Sammlerinnen. Man hat beobachtet, wie eine Arbeiterin in ihrer 40-tägigen Schaffensperiode als Sammelbiene nur Wasser gesammelt hat, wobei sie stündlich zehn Flüge von je 3,3 Minuten Dauer absolvierte und sich dabei weniger als 4 Minuten im Bienenstock aufhielt.

Der jährliche Wasserbedarf von Bienen schwankt beträchtlich: Je nach Klimabedingungen sind es in den gemäßigten Zonen zwischen 30 und 70 l pro Kolonie. An heißen Sommertagen ist Wasser für das Bienenvolk besonders wichtig. Wenn die Temperatur im Innern des Bienenstocks zu hoch wird, verteilen die Arbeiterinnen auf den Waben kleine Wassertröpfchen, die dort verdunsten und den Stock kühlen. Fächelbienen bilden lange Ketten bis zum Nestausgang und sorgen für einen permanenten Luftstrom.

Doch woher wissen die Wasserträgerinnen, dass die Kolonie Wasser benötigt? Laut einer kürzlich durchgeführten Studie[10] reicht ein starker Temperaturanstieg im Innern des Bienenstocks noch nicht aus, um ein verstärktes Sammeln von Wasser in Gang zu setzen. Vielmehr sind es die anderen Arbeiterinnen, die – angesichts einer drohenden Überhitzung der Brut – ihre Schwestern zur Wassersuche bewegen. Es konnte beobachtet werden, wie die Wassersammlerinnen daraufhin achtmal mehr Wege zurücklegten als normal – fast 500 Hin- und Rückflüge in einer halben Stunde, wobei sie 25 g Wasser in der Bienenstock brachten (50 mg pro Flug). Unter normalen Umständen sind es 3 g. Am Stockeingang wurde den Sammelbienen das Wasser sofort abgenommen – ein klarer Hinweis auf den akuten Wasserbedarf im Volk –, woraufhin sie sich direkt zum nächsten Sammelflug aufmachten.

8) *Vgl. Kapitel „Intelligenz und Kommunikation“, Seite 215.*
9) *Liang, Z. S., Mattila, H. R., Nguyen, T., Robinson, G. E., Rodriguez-Zas, S. L., Seeley, T. D. (März 2012):* Molecular determinants of scouting behaviour in honey bees. *Science, Vol. 335, Seite 1225–1228, doi: 10.1126/science.1213962.*
10) *Ostwald, M. M., Smith, M. L., Seeley, T. D. (Juli 2016):* The behavioral regulation of thirst, water collection and water storage in honey bee colonies. *Journal of Experimental Biology, 219, Seite 2156–2165, doi: 10.1242/jeb.139824.*

Wasser ist für die Kolonie lebenswichtig: um das Gelée royale herzustellen, um den Honig zu befeuchten und seine Aufnahme zu erleichtern und um den Bienenstock abzukühlen. Wasserträgerinnen üben eine gefährliche Aufgabe aus. Wasserpflanzen verhindern, dass die Bienen ertrinken.

Die giftigen Tränen der Maispflanzen

Wasserträgerinnen gehen bei ihrer gefährlichen Arbeit nie leichtsinnig vor. Wasserläufe und Bäche werden eher gemieden. Sie bevorzugen Orte, wo sie nicht Gefahr laufen zu ertrinken – Wasserstellen mit Moos, Ränder von Wasserpfützen oder kleine, stille Gewässer mit Wasserpflanzen, wie zum Beispiel Teiche. Stehende Gewässer haben gegenüber fließenden noch einen weiteren Vorteil. Der darin enthaltene Stickstoff sowie die Mineralsalze sind für den Stoffwechsel der Bienen und die gesunde Entwicklung der Brut lebenswichtig.

Ein beliebter Sammelort kann jedoch zur tödlichen Falle werden: das Guttationswasser der Pflanzen. Guttation ist eine durch Wurzeldruck verursachte Form der Wasserabsonderung bei Pflanzen und wird oft mit Tautropfen verwechselt, da die Abgabe der Flüssigkeit tröpfchenweise über die Blattränder geschieht. Wenn es sich bei der Pflanze, die dieses Wasser hervorbringt, um Mais mit ummantelten Körnern[11] handelt, kann der dargebotene Tropfen die Wasserträgerin in wenigen Minuten töten. Denn das von der Biene aufgenommene Guttationswasser enthält Pestizidkonzentrationen, die um das 10 000-fache über der letalen Dosis liegen[12]. Wir sind mittlerweile weit entfernt von Zeiten, als die Bienen noch überall sauberes Wasser finden konnten.

Der Geschmack von Salz unter den Füßen

Wer zufällig einen Salzwasserpool im Garten hat und Nachbarn mit Bienenstöcken, wird sich mit hoher Wahrscheinlichkeit mit zahlreichen Wassersammlerinnen auseinandersetzen müssen. Seit 1940 kennt man die Vorliebe der Bienen für Salzwasser. Doch woran erkennen sie es? Bienen unterscheiden Geschmäcker mithilfe der Sensoren ihrer Antennen, ihres Mundapparats und ihrer Füße. Einer Studie von Gabriela de Brito Sanchez vom CNRS zufolge[13] weisen die verschiedenen Rezeptoren im Hinblick auf den von den Bienen wahrgenommenen Geschmack nicht die gleiche Sensibilität auf. An der Spitze der Beine liegen zweierlei Rezeptoren – für die Geschmacksqualität süß bzw. für salzig. Die Sinneszellen an den perforierten Härchen auf den beiden Endkrallen reagieren empfindlich auf Zucker, sind aber weniger sensibel als die Geschmacksrezeptoren an den Antennen. Die auf salzigen Geschmack spezialisierten Rezeptoren befinden sich in den Segmenten, die den Krallen vorgelagert sind. Sie sind sensibler als diejenigen auf den Antennen. Mit diesen Rezeptoren kann die Biene im Flug – während ihre Füße die Wasseroberfläche streifen – wahrnehmen, welche Qualität das Wasser hat.

Wenn das Leben von der Auswahl abhängt

Warum nehmen die Bienen toxische Substanzen auf, die sie oft genug als solche erkennen? Um das zu verstehen, hat dasselbe Team um Gabriela de Brito Sanchez zwei Hypothesen aufgestellt[14]: Entweder die Bienen weisen ein Energiedefizit auf, weil sie ausgehungert sind, oder sie haben keine Auswahlmöglichkeit. Die Toulouser Wissenschaftler setzten den Bienen zweierlei Flüssigkeiten vor – eine süße Lösung und eine aversive Substanz (bitter oder salzig in sehr hoher Konzentration). Die Bienen entschieden sich ausnahmslos für die reine Zuckerlösung. Bot man ihnen jedoch keine Auswahl an, nahmen sie Mischungen auf, die sie zuvor systematisch abgelehnt hatten. In beiden Fällen fiel ihre Entscheidung unabhängig von ihrem Energiehaushalt.

Die Studie lässt auf ein Verhalten schließen, das aus einem „alimentären Unvermögen" resultiert, eine Resignation angesichts fehlender Auswahlmöglichkeiten. Sie hilft uns zu begreifen, weshalb die Bienen sich dafür entscheiden, den toxischen Nektar von Monokulturen aufzunehmen. Da ihnen die Nahrungsalternativen fehlen, setzen sie zwangsläufig ihr eigenes Leben und das der ganzen Kolonie aufs Spiel.

Frühmorgens perlen bei gewissen Pflanzen Tropfen über die Blätter, bei denen es sich nicht um Tau handelt: Es ist vielmehr eine Absonderung, bei der die Pflanze ihr überschüssiges Wasser loswird. Die Bienen trinken es gerne, weil sie dabei nicht Gefahr laufen zu ertrinken. Bei Kulturen, die mit einem systemischen Insektizid (welches sich in der gesamten Pflanze verbreitet) behandelt werden, wird dieses Guttationswasser zu einem tödlichen Gift.

11) *Das Prinzip von ummanteltem Saatgut besteht darin, bereits den Samen mit einer pestizidhaltigen Paste zu umgeben, anstatt später die Kulturen mit Pestiziden zu bestäuben. Beim Auskeimen absorbiert die Pflanze das Gift, das sich über die Pflanzensäfte ausbreitet. Diese Vorgehensweise wird vor allem bei Neonikotinoiden angewendet.*

12) *Girolami, Vincenzo et al. (Juni 2009):* Translocation of neonicotinoid insecticides from coated seeds to seedling guttation drops: A novel way of intoxication for bees. *Journal of Economic Entomology. 102 (5), Seite 1808 – 1815.*

13) *de Brito Sanchez, M. G., Giurfa, M., Liu, F., Lorenzo, E., Su, S., Zhan ,Y. (Februar 2014):* The tarsal taste of honey bees: behavioral and electrophysiological analyses. *Frontiers in behavioral neuroscience, 8 (25), doi: 10.3389/fnbeh.2014.00025.*

14) *de Brito Sanchez, M. G., Desmedt, L., Giurfa, M., Hotier, L., Velarde, R. (August 2016):* Absence of food alternatives promotes risk-prone feeding of unpalatable substances in honey bees. *Scientific Reports, 6 (Artikelnummer 31809), doi: 10.1038/srep31809.*

Während der großen Nektartrachten fliegen die Sammlerinnen in noch größerer Zahl aus – vom Morgengrauen bis zur Abenddämmerung. Für den Imker bezeichnet die Blüte des Hahnenfußes, dass die Schwarmzeit begonnen hat.

Die Sonnenblume bietet Nektar in Hülle und Fülle. Auf den Blüten treffen sich die unterschiedlichsten Besucher: Hier beobachtet eine Wanze eine Sammlerin bei der Arbeit.

Charles Vareilles, ein Imker aus dem Département Ardèche, inspiziert einen Bienenstock, der in einem Kastanienwald steht. Die Freude beim Öffnen eines Bienenstocks lässt sich nicht beschreiben. Der Duft, das Gesumme der Kolonie, die Masse an Bienen – ein spektakuläres Wunder des Lebens!

BIENEN UND MENSCHEN

„Honigbienen und Menschen sind nahezu genauso eng verbunden und aufeinander angewiesen, wie die Bienen und die Blütenpflanzen. Die Bestäubungsleistung der Bienen ist legendär und nicht nur für die Nahrungsmittelerzeugung unverzichtbar, sondern auch für ein entsprechendes intaktes Ökosystem. Umgekehrt bietet der Mensch den Kolonien der Honigbienen Wohnraum und Pflege, auf die sie in einer menschgeprägten Umwelt angewiesen sind.“

JÜRGEN TAUTZ, 2018

ISUZU

BIENEN UND MENSCHEN

Einem jungen Lehrer, der über die große Anzahl von Bienen in seinem Zimmer beunruhigt war, erwiderte John Bradburne: „Die Bienen sind meine Gäste, sie werden freundlich zu Ihnen sein, solange Sie auch freundlich mit ihnen umgehen." Der exzentrische Mönch Bradburne, der dem berühmten Bruder Adam in der Abtei von Buckfast[1] zur Hand ging, hatte sich mit den Bienen verbündet. Ein kleiner Schwarm wohnte unter seinem Schreibtisch, wo er seine Gedichte verfasste, und umschwirrte seine Beine. Im Jahr darauf folgte ein zweiter Schwarm, sodass der Raum vor Bienen wimmelte, die dort ihren Arbeiten nachgingen und deren Honig einen süßen Duft verströmte. Manchmal begleiteten sie ihn bei seinen Spaziergängen und man sagte, dass er beim Gehen in eine Wolke aus Bienen gehüllt war[2].

Seit Urzeiten sind die Menschen einzigartige Verbindungen mit den Bienen eingegangen. „Wenn ich an einem Bienenstock arbeite, bleibt die Zeit stehen – es ist eine Art meditative und transzendentale Erfahrung, die mich stark verändert. Ich fühle mich in der Welt gegenwärtiger (...) Ich glaube nicht, dass irgendjemand viel Zeit mit Bienen verbringen kann, ohne dabei eine tiefe Bindung zur Natur aufzubauen", sagt auch Mark Winston[3]. Es wäre sicherlich für jeden Menschen eine bereichernde Erfahrung, wenigstens einmal im Leben einen Rähmchen mit einem Stockmeißel aus dem Honigraum des Bienenstocks zu lösen, die bienenbesetzte Wabe vorsichtig herauszuziehen – ohne dabei eine Biene zu zerquetschen –, die Wabe fest in den eigenen Händen zu halten, sich vom ihrem Gewicht überraschen zu lassen, den Duft und die Wärme zu spüren und die zahlreichen, in der Sonne glitzernden Flügel zu bestaunen.

DIE IMKEREI

Zu Zeiten unserer Großeltern erlebte die Imkerei ihre Hochzeit. Die sehr vitalen Kolonien vermehrten sich naturgemäß durch Schwärmen. Jeder Bauernhof hatte wegen des Honigs und der Bestäubungsleistung einige Bienenstöcke vor dem Haus aufgestellt. Den Bienen ging es damals gut. Und wenn doch einmal Verluste auftraten – durch die Naturgewalten oder den Menschen –, wurden sie schnell kompensiert, denn Bienen gab es überall: Tausende Bienenstöcke bevölkerten das Land und noch mehr wilde Kolonien nisteten in hohlen Baumstämmen und Fels- oder Mauerspalten.

Rund 50 Jahre sind nun seit den 1970er-Jahren vergangen und inzwischen spielen die Imker eine grundlegende Rolle für das Überleben der Bienen. Denn in diesem halben Jahrhundert wurde die Agrarlandschaft Westeuropas stärker verändert als im Lauf der vorangegangenen 500 Jahre. Zerstört wäre wohl die passendere Bezeichnung, wenn man sich den gravierenden Wandel vor Augen führt. Die große Zahl der nachhaltig wirtschaftenden Kleinbauern ist verschwunden, Hecken und Blühstreifen wurden entfernt und das Leben in freier Wildbahn sowie die Wälder sind auf Naturreservate beschränkt – alles zugunsten einer industriellen, vollmotorisierten Landwirtschaft, die auf den Einsatz von Pestiziden und auf Monokulturen setzt. Bis zum Jahr 1995 haben die Imker trotz allem ihren Honig aus bestimmten großen Kulturen – beispielsweise Raps oder Sonnenblume – hergestellt, die dazu beitrugen, dass Frankreich von den zwölf europäischen Herstellern zur Nr. 1 wurde[4]. „Das gehört der Vergangenheit an", erklärt Henri Clément[5], „ungefähr 300 000 Bienenstöcke gehen jährlich in Frankreich ein, insgesamt sind es 1 200 000. Den Imkern gelingt es, diesen Bestand aufrecht zu erhalten, indem sie Schwärme bilden oder zukaufen."

Eine befruchtete Königin lebt naturgemäß mehrere Jahre und ihre Ausdauer bei der Eiablage kann bis zu fünf Jahren anhalten, bevor der in ihrem Hinterleib gespeicherte Vorrat an Samenzellen aufgebraucht ist. Dennoch wechseln die meisten Imker die Königinnen ihrer Völker wesentlich früher aus – ein weiteres Symptom für die neue Anfälligkeit der Bienen. „Heute müssen die Königinnen regelmäßig – im Durchschnitt alle zwei Jahre – ausgetauscht werden, in den USA sogar mehrmals im Jahr", so Henri Clément. Denn die

Vorige Seite: Der Smoker ist – zusammen mit dem Stockmeißel – das wichtigste Werkzeug des Imkers. Sein Rauch veranlasst die Bienen, sich beim Öffnen des Bienenstocks in die Wabengassen zurückzuziehen. So kann der Imker ungestört arbeiten.

In Bormes-les-Mimosas hat Rémi Boulet die Nachfolge seines Vaters angetreten, trotz aller Schwierigkeiten. Besonders die durch Pestizide verursachte hohe Sterblichkeit der Bienenvölker Anfang der 2000-Jahre machte den Imkern zu schaffen.

1) *Vgl. „Bruder Adam und die ideale Biene", Seite 153.*
2) *Chevilliat, Bernard: (2015):* John Bradburne: Le vagabond céleste ami des abeilles. *ULTREÏA!, No. 2, Seite 196.*
3) *Mark Winston ist Kanadier, Wissenschaftler, Schriftsteller, Lehrer... Er hat einen Großteil seines Lebens dem Studium der Bienen gewidmet. Auszüge aus einem Interview anlässlich des Erscheinens seines Buchs* Bee Time: Lessons from the Hive *(Quelle: SFU, Centre for Dialogue, Simon Fraser University).*
4) *Quelle: UNAF (Union Nationale de l'Apiculture Française). www.unaf-apiculture.info/ (November 2016).*
5) *Imker und Sprecher der UNAF.*

Samenzellen der Drohnen werden durch bestimmte Pestizide[6] beeinträchtigt, genau wie die Lebensdauer der Königinnen[7].

DIE SPUREN DER MENSCHEN

Neonikotinoide und Starrköpfigkeit

1996 schlagen die französischen Imker Alarm. Die Honigproduktion geht steil nach unten und zwar in denjenigen Bienenstöcken, die in der Nähe von Sonnenblumenfeldern aufgestellt sind. Weder ungewöhnlich viele tote Bienen noch ein Befall ist auszumachen, aber offensichtlich fehlen massenhaft Bienen. Schnell können die Imker eine Verbindung zu einem Neonikotinoid[8] namens Gaucho herstellen, das erst kurz zuvor auf den Markt gekommen ist. Im folgenden Jahr weitet sich das Phänomen noch weiter aus: Die Honigproduktion fällt von 60 – 70 kg pro Bienenstock auf 15 – 20 kg, während die Mortalitätsrate alarmierende Ausmaße annimmt – von 5 % auf 40 – 50 %, teilweise sogar 60 %[9]. In einem unveröffentlichten Beschluss untersagt das Landwirtschaftsministerium im Jahr 1999 die Verwendung von Gaucho bei Sonnenblumen und beruft sich dabei auf das Prinzip einer Vorsichtsmaßnahme[10]. Mehrere juristische Schlachten, die vor allem von der UNAF geführt werden, erschüttern die Imkerschaft. Studienergebnisse unterschiedlicher Institutionen, darunter CNRS (Nationales Zentrum für wissenschaftliche Forschung) und INRA (Nationales Institut für Agronomieforschung), berichten über die Toxizität von Neonikotinoiden, selbst in verschwindend niedriger Dosierung. Als dennoch das neue Pestizid Régent[11] auf den Markt kommt, gefolgt vom Neonikotinoid Cruiser, wird die Angelegenheit 2007 weiter angeheizt.

Die Honigproduktion geht in Frankreich weiter zurück. Waren es 1995 noch über 32 000 Tonnen, so sank die Zahl 2015 auf 18 000 und 2016 auf weniger als 10 000 Tonnen[12]. Die in Avignon ansässige INRA gibt eine umfassende Untersuchung der Neonikotinoide in Auftrag, die von Axel Decourtye[13] geleitet wird. Ergebnissen zufolge tötet die vom Hersteller vorgeschriebene Dosis dieser Produkte die Bienen nicht sofort, macht sie aber orientierungslos. Die Sammlerinnen finden nicht zum Bienenstock zurück, was früher oder später gleichfalls zum Tod führt. 2002 bestätigt eine im Labor durchgeführte Testreihe, dass Gedächtnis und Lernfähigkeit der Bienen bereits bei geringen Neonikotinoidmengen beeinträchtigt werden. Die Tests werden von anderen Wissenschaftlern und Insektizidherstellern bestritten, da sie im Labor und nicht unter realen Voraussetzungen durchgeführt wurden. Neue Testreihen unter abgewandelten Bedingungen werden gemacht: Dressierte Sammlerinnen müssen sich im freien Flug in einem Labyrinth zurechtfinden, indem sie einem zuvor gelernten Weg folgen. Normalerweise stellt diese Aufgabe für die Sammlerinnen kein Problem dar. Doch sie scheitern, sobald sie Neonikotinoiden ausgesetzt waren.

Als erneut Widerspruch laut wird, stellt Axel Decourtye ein Experiment unter freiem Himmel vor, bei dem den Bienen RFID-Chips auf den Rücken geklebt werden. Die RFID-Technologie ermöglicht es, einzelne Bienen mittels Radiowellen zu identifizieren und zu lokalisieren. Mehr als 600 Sammlerinnen werden dem Neonikotinoid in einer nicht tödlichen Dosis ausgesetzt. Als sie in 300 m Entfernung vom Bienenstock freigelassen werden, finden sie problemlos zurück. Bei 500 m Entfernung machen sich die Auswirkungen langsam bemerkbar und ab einer Entfernung von 1 000 m – einer bei der Sammeltätigkeit völlig normalen Distanz – ist die Anzahl der verirrten Sammlerinnen zwei- bis dreimal höher als bei der Kontrollpopulation. Auf Basis dieser Daten wird ein mathematisches Modell entwickelt, das die Dynamik einer Bienenpopulation simuliert. Es sagt voraus, dass die dem Pestizid ausgesetzten Kolonien zahlenmäßig auf ein Niveau absinken würden, von dem sie sich nicht mehr erholen könnten[14].

6) *Kairo, Guillaume (INRA) et al. (2016):* Drone exposure to the systemic insecticide Fipronil indirectly impairs queen reproductive potential. *Scientific Reports, 6 (31904), doi: 10.1038/srep31904.*
7) *Dussaubat, Claudia (INRA) et al. (2016):* Combined neonicotinoid pesticide and parasite stress alter honeybee queens' physiology and survival. *Scientific Reports, 6 (Artikelnummer 31430), doi: 10.1038/srep31430.*
8) *Neonikotinoide sind Neurotoxine, die das zentrale Nervensystem von Insekten angreifen.*
9) *Quelle: UNAF. www.unaf-apiculture.info/ (November 2016).*
10) *2004 wird es auch für Mais verboten, bleibt jedoch für andere Kulturen weiterhin erlaubt, obwohl sein Verbleib in den Böden als erwiesen gilt.*
11) *Régent ist kein Neonikotinoid, sondern ein Insektizid mit dem aktiven Molekül Fipronil, auf dessen Toxizität für Bienenvölker immer wieder hingewiesen wurde. Seine Verwendung in der Landwirtschaft wurde in Frankreich 2004 untersagt, nachdem die UNAF und der Bauernverband eine Klage eingereicht hatten, die dazu führte, dass gegen die Firmen Bayer und BASF ermittelt wurde. Das Verfahren wurde 2009 eingestellt und 2010 bzw. 2012 die Einstellung bestätigt.*
12) *Quelle: UNAF. www.unaf-apiculture.info/ (November 2016).*
13) *Wissenschaftlicher Leiter des französischen Instituts für Bienenforschung ITSAP und des Instituts für Bienenschutz PrADE (Protection des Abeilles dans l'Environnement). Die Dringlichkeit hat zur Gründung eines Bienenzentrums bei der INRA in Avignon geführt, in dem sich drei Teams der INRA und eine UMT (Unité Mixte Technologique) mit zehn Funktionären von INRA, ACTA, ITSAP und ADAPI zusammenschlossen.*
14) *Henry, Mickaël et al., (März 2012):* A common pesticide decreases foraging success and survival in honey bees. *Science, 336 (6079), Seite 348 – 350, doi: 10.1126/science.1215039.*

Vorige Seite: Die moderne Imkerei ist von der Umwandlung der Landwirtschaft in den 1950er-Jahren (Pestizide, Monokulturen, Flurbereinigungen, Vernichtung der Hecken ...) stark betroffen. Korsika ist noch privilegiert, weil es sehr wenig intensive Landwirtschaft gibt und ein großer Blütenreichtum einen hervorragenden Wildblütenhonig hervorbringt.
Im Oktober hat Denis Casalta seine Bienenstöcke im Flachland aufgestellt, um die Zeit der Spätblüte zu nutzen. Sein Cousin arbeitet als Bio-Landwirt.

Sommerernte im Süden der Ardèche. Der Brutraum befindet sich im Bienenvolk immer in der Nähe des Fluglochs, im unteren Bereich des Bienenstocks. Bei der Honigernte werden nur die obersten Aufsätze – die Honigzargen, in denen die Bienen den überschüssigen Honig lagern – mitgenommen. So können im Lauf der Saison verschiedene Sortenhonige geerntet werden.

Arbeiterinnen von *Apis mellifera mellifera*, der Dunklen Biene, auf einer Honigwabe. Da sich diese Biene während der letzten großen Eiszeit in den Süden Frankreichs zurückgezogen hat, hat sie nur wenig genetische Vielfalt vorzuweisen, sodass ihr Überleben durch die Schaffung von Schutzgebieten gewährleistet werden muss.

Bienenstöcke vom Typ Warré haben geringere Maße als beispielsweise die klassischen Dadant-Bienenstöcke. Warré-Bienenstöcke werden unter anderem von Profi-Imkern verwendet, um Schwärme und Königinnen heranzuzüchten.

Julien Picard und Romain Bessellère, Bio-Imker aus der Ardèche, bereiten sich nach ihrem Arbeitstag in großer Hitze auf die Bienenwanderung vor.

Wanderungen mit Bienen finden immer nachts statt, damit alle Tiere in den Bienenstöcken anwesend sind. Der Abbau beginnt in der Abenddämmerung, die Wanderung erfolgt dann im Morgengrauen.

Am 28. Juni 2012 verkündet das Landwirtschaftsministerium, dass die Behandlung von Rapssaaten mit Cruiser verboten sei. Raps, der Nektar und Pollen liefert, ist für die Bienen eine wertvolle Futterquelle, weil er sehr früh blüht. Doch der Protest der Opponenten ebbt nicht ab. Terres Inovia, CNRS, INRA, ITSAP und ACTA schließen sich in einer Partnerschaft zusammen. In einem Zeitraum von zwei Jahren werden 100 ha mit „Cruiser-Raps" bepflanzt. In der Nähe – später in größeren Entfernungen – werden Bienenstöcke aufgestellt und 7 000 Sammlerinnen mit Mikrochips ausgestattet. Die Ergebnisse bestätigen die zuvor durchgeführte Studie: Die Verluste bei den Sammlerinnen steigen mit der Pestizidbelastung von 5 % auf 22 %, wenn sich die Pflanze auf dem Höhepunkt der Blüte befindet[15]. Die Konflikte und Machtkämpfe werden weitergehen ...[16]

Die Bienen im Kreuzfeuer

Außer mit Pestiziden werden die Bienen heute mit beunruhigenden globalen Phänomenen konfrontiert: Veränderungen der Biodiversität, klimatische Störungen und die daraus folgende Änderung der Flora führen zu einem Verlust der Nahrungsvielfalt sowie zu Futtermangel in den Bienenstöcken. Steht den Bienen im Herbst zu wenig Pollen zur Verfügung, leiden sie im Winter unter Proteinmangel, der sich nachteilig auf ihr Immunsystem und damit auf ihr Überleben auswirkt. Zahlreiche Keime, Viren, Pilze oder Fressfeinde nutzen diese Immunschwäche – und das umso einfacher, wenn sie von anderen Kontinenten stammen und die Bienen im Lauf ihrer Evolution keine Verteidigungsmechanismen gegen sie entwickeln konnten. Das ist zum Beispiel bei der Asiatischen Hornisse und – in noch weit dramatischerem Ausmaß – bei der Varroamilbe der Fall.

Ein inzestuöser Blutsauger

Der Parasit *Varroa destructor* stammt ursprünglich aus Asien, wo er sich gemeinsam mit der dort einheimischen Biene *Apis cerana* (Asiatische Honigbiene) entwickelt hat. Im Lauf der Jahrtausende hat sich die Milbe an die Fortpflanzungszyklen der asiatischen Biene angepasst, die ihrerseits gelernt hat, sich dagegen zu wehren – so überschreitet das Verhältnis zwischen Parasit und Wirt nie ein für das Bienenvolk lebensgefährliches Limit. Unter anderem durch den globalen Handel mit Bienenvölkern verbreitete sich die Varroamilbe in den 1980er-Jahren schlagartig in Europa, was zu einer Überforderung der Europäischen Honigbiene *Apis mellifera* führte. Die Milbe kann eine Kolonie in wenigen Monaten lebensbedrohlich schwächen, indem sie die Hämolymphe der Larven und erwachsenen Bienen saugt, wobei sie zahlreiche Viren überträgt.

Bevor die Ammenbienen die Brutzellen mit einem Wachsdeckel verschließen, flüchtet sich das Milbenweibchen in die noch offene Zelle und legt dort mehrere Eier ab. Als Erstes schlüpft immer ein Milbenmännchen, das seine zukünftigen Schwestern befruchtet, wobei sich alle auf Kosten der Bienenpuppe ernähren. Beim Öffnen der Zelle kommen ein bis drei junge Weibchen mit ihrer Mutter zum Vorschein (das Männchen stirbt nach der Paarung) und es beginnt ihre Phase der Verbreitung, die sogenannte phoretische Phase. Die Milben verteilen sich im Innern der Kolonie oder – über befallene Sammelbienen – auch von einer Kolonie zur anderen. Wenige Tage später sind die weiblichen Varroamilben schon wieder bereit für einen neuen Fortpflanzungszyklus.

Die meisten Imker bekämpfen die Milbe, indem sie ihre Bienenstöcke entweder – gemäß den Richtlinien für ökologische Bienenhaltung – mit organischen Säuren wie Thymol, Oxalsäure und Ameisensäure behandeln oder mit synthetischen Mitteln. Letztere bereiten viele Probleme: chemische Rückstände in den Bienenprodukten (vor allem im Bienenwachs), hohe Toxizität für die Bienen sowie das Auftreten von Resistenzen bei den Varroamilben. Thomas Seeley befürchtete[17]: „Erschafft man dadurch Supervarroas, die in der Natur gar nicht vorkommen?" Andere Imker haben sich gegen eine Behandlung entschlossen, um wehrhafte Kolonien zu selektieren – ein Weg, der bei INRA Zustimmung findet. Manche *Apis-mellifera*-Völker schaffen es, sich gegenseitig von den Parasiten zu befreien, oder sie unterbrechen deren Reproduktion, indem sie befallene Zellen öffnen.

Wertvolle Vielfalt

Ihre flexiblen Verhaltensweisen, ihre genetische Variabilität und die Fähigkeit, sehr unterschiedliche Lebensräume zu besiedeln, haben die Bienen schon aus verschiedenen dramatischen Situationen gerettet. Diesmal könnten jedoch die Schnelligkeit der Um-

Vorige Seite: Die Vorräte der Kolonie auf zwei parallelen Waben. Für 1 kg Honig braucht es 50 000 Flüge und 1 000 Blütenbesuche. Honig stellt vor allem eine Energiequelle dar: 1 mg Honig liefert rund 12 Joule. Die Kolonie verbraucht 2 Millionen Joule, um über den Winter zu kommen – also rund 15 – 25 kg Honig.

Die parasitär lebende Milbe *Varroa destructor* wurde aus Asien importiert und gedeiht prächtig in den Bienenkolonien Europas und Amerikas. Im Gegensatz zu ihrer asiatischen Verwandten *Apis cerana*, hat unsere Honigbiene *Apis mellifera* nicht gelernt, sich gegen die Milben zur Wehr zu setzen. Imker müssen daher ständig auf der Hut sein, da der Parasit eine Kolonie lebensbedrohlich dezimieren kann.

15) *Henry, Mickaël et al. (November 2015):* Reconciling laboratory and field assessments of neonicotinoid toxicity to honeybees. *Proceedings of the Royal Society B, 282 (1819), doi: 10.1098/rspb.2015.2110.*

16) *Trotz der erdrückenden Beweislast hat das Revisionsgericht im Januar 2017 befunden, dass Gaucho nicht die Ursache für die extrem hohe Sterblichkeitsrate der Bienen sei. Kein einziger Imker wurde für die Verluste seiner Bienenvölker entschädigt. Vier auf Bienen toxisch wirkende Pestizide wurden 2013 teilweise verboten: Fibronil sowie die drei Neonikotinoide Imidacloprid (Gaucho), Clothianidin (Poncho) und Thiamethoxam. Sie werden jedoch weiterhin in zahlreichen EU-Mitgliedsstaaten in „dringenden Fällen" erlaubt. Zwischen 2013 und 2016 wurden über 100 dieser Ausnahmegenehmigungen durch die Mitgliedsstaaten ausgestellt (Quelle: L'Ecologiste, No. 49, Mai–Juli 2017, Seite 39). Im April 2018 hat die EU-Kommission ein Verbot von Imidacloprid, Clothianidin und Thiamethoxam beschlossen.*

17) *Wermelinger, André (Vorsitzender von FreeTheBees, 2014):* Notre nouvelle responsabilité en tant qu'apiculteur. *Seite 13.*

wälzungen und die Vielschichtigkeit der Ursachen sie ernsthaft in Bedrängnis bringen, genau wie die ungefähr 2 000 Wildbienenarten in Europa[18]. Es sind zu viele Faktoren, die die Bienen schwächen.

Vor allem in der Landwirtschaft ist es „notwendig, die toxischen Mittel zu verbieten, doch diese Maßnahme allein könnte den Rückgang der Bienen nicht aufhalten. Es braucht massivere Einschnitte", mahnt Axel Decourtye, der an eine tiefgreifende Agrarwende denkt. „Die zukünftige Landwirtschaft muss sich viel mehr auf ökologische Prozesse stützen: Bestäubung, biologische Kontrolle von Schädlingen durch natürliche Feinde wie Vögel und Insekten, gesunde und nährstoffreiche Böden ... müssen die Basis bilden. Dabei brauchen wir nicht zur Landwirtschaft unserer Vorfahren zurückkehren, sondern können moderne Technologien nutzen. Unsere Arbeit besteht darin, den Landwirten zu zeigen, dass sie dabei nur gewinnen können. Man kann nicht anordnen, die landwirtschaftlichen Betriebsmittel um 30 oder 50 % zu reduzieren, ohne Arbeitsalternativen aufzuzeigen. Die Artenvielfalt ist eine Möglichkeit, zukünftige Erschütterungen – klimatischer wie ökonomischer Art – abzudämpfen. Wenn wir die Landschaften wieder in den Vordergrund rücken und die Flora reicher wird, retten wir auch die Bienen."[19]

DIE SELEKTION – EINE ERFOLGSGESCHICHTE

Apis mellifera ist diejenige der neun Bienenspezies der Gattung *Apis*, die sich am erfolgreichsten verbreitet hat: Von Afrika aus hat sie die Meere, Gebirgsketten und Wüsten überflogen. Es bildeten sich vier Evolutionszweige, aus denen die 25 Unterarten von *Apis mellifera* hervorgingen. Der erste Zweig breitete sich über ganz Afrika aus, von den Maghrebstaaten bis nach Kapstadt, während der zweite bis nach Zentralasien vorrückte. Die beiden anderen Zweige haben Europa besiedelt, der eine vom Mittleren Orient, quer über die anatolische Hochebene und den Balkan, entlang der Adriaküste bis an die Alpen, wo er dann zum Teil nach Italien, zum Teil nach Osteuropa (Österreich, Slowenien, Ungarn, Rumänien, Bulgarien) gelenkt wurde. Dieser Zweig wird durch zwei Unterarten repräsentiert, die bei Imkern sehr beliebt sind: die Kärntner Biene *(Apis mellifera carnica)* und die Italienische Biene *(Apis mellifera ligustica)*. Der vierte Zweig schlug die westliche Route über die Iberische Halbinsel ein, von wo er über ganz Westeuropa, die britischen Inseln und Skandinavien ausschwärmte und zur Entstehung von *Apis mellifera mellifera*, der Dunklen Biene, führte[20]. Drei Unterarten von *Apis mellifera* wurden in die ganze Welt exportiert – sie gehören zu den am meisten verbreiteten Spezies auf unserem Planeten: die Italienische Biene, die Kärntner Biene und die Dunkle Biene.

Bruder Adam und die ideale Biene

Wahrscheinlich haben die Menschen schon seit den Anfängen der Imkerei die besten Linien von Bienen erforscht, genau wie sie die Zuchtlinien von Pferden selektierten. Das Bienenwachs, das man in zahlreichen Tonscherben vorfand, lässt darauf schließen, dass es bereits zu Beginn der Jungsteinzeit – vor rund 9 000 Jahren[21] – erste Imkereiversuche gab, während die ältesten Bienenstöcke, die zu Tage befördert wurden, rund 3 000 Jahre alt waren[22].

Imker unterhalten sich sehr häufig über die Qualitäten, die sie an ihren Bienen schätzen. Die ideale Biene müsste sanftmütig, sammelfreudig und schwarmträge sein, mit Feuereifer bauen, ihre Fruchtbarkeit anpassen können, sparsam mit Honig umgehen, widerstandsfähig gegen Krankheiten und Milben sein, Schlechtwetterperioden gut überstehen können und mit ihren eigenen Mitteln über den Winter kommen. Alles Eigenschaften, die Bruder Adam genau der Biene zuschrieb, die er zu Beginn des 20. Jahrhunderts im Kloster von Buckfast in England züchtete: mit Ausnahme einer einzigen – die schließlich auch zu ihrem Aussterben führte –, nämlich der Widerstandsfähigkeit gegenüber Milben. Anfang der 1910er-Jahre wurden innerhalb von zwölf Jahren sämtliche Bienenstöcke des englischen Stamms durch eine verheerende Acariose-Epidemie vernichtet. Das Ende dieser Biene bedeutete für Bruder Adam den Beginn jahrzehntelanger Forschung und sukzessiver Kreuzungen, aus denen schließlich die Buckfastbiene als neue Rasse hervorging. Seinen allerersten Versuch unternahm er 1917, als er ein Männchen des einheimischen Stamms mit einer Italienischen Biene verpaarte.

Vorige Seite: Dieser Imkereibetrieb in den Bergen wird während der Imkersaison im Durchschnitt alle drei Wochen inspiziert. Bei starker Nektartracht können die Bienenstöcke alle acht bis zehn Tage um einen Honigraum ergänzt werden. Im Vordergrund links sieht man zwei kleine Zuchtbienenstöcke, die von den Imkern zur Stärkung der Kolonien aufgestellt wurden.

Die Asiatische Hornisse *Vespa velutina* ist ein gefährlicher Räuber, dem sich die Bienen zwar mutig entgegenstellen, jedoch keine Chance haben. Die Hornissen jagen in der Gruppe und beherrschen den Schwebflug. Sie fangen Sammlerinnen bei ihrer Rückkehr zum Bienenstock ab, enthaupten sie und verfüttern den Bienenthorax an ihre Larven. Wird eine Bienenkolonie von einem Dutzend Hornissen besetzt, werden alle Arbeiterinnen nacheinander getötet. Schließlich versuchen die Räuber in der Bienenstock einzudringen, um ihn vollständig zu plündern (Vgl. *Die Wege des Honigs*, Seite 234 – 243). *Vespa velutina* kam im Jahr 2004 nach Frankreich und hat praktisch das ganze Land bevölkert. Da die Hornissen rund 60 km pro Jahr vorankommen, findet man sie bereits in Portugal, Spanien, Belgien, Italien, Deutschland und England. Sie bauen ihre Nester – die 1 m hoch und 80 cm im Durchmesser sind – in der Nähe von Wasserläufen und in 10 – 20 m Höhe, sodass man sie nur schwer entdeckt. Hobby-Imker, die nur ein paar Bienenstöcke besitzen, haben am meisten unter diesem Räuber zu leiden.

18) Bernard Vaissière, Leiter des Labors für entomophile Bestäubung beim INRA in Avignon, meint dazu: „Wenn die domestizierte Biene in Gefahr ist, steht es um die solitär lebenden Wildbienen noch viel schlechter, da sie anders als die Honigbienen nicht die Schutzwirkung der Kolonie genießen." (Quelle: www.notre-planete.info/actualites/lireactus.php?id=1312&nd=100, November 2016). In Europa sind bereits 200 Wildbienenarten vom Aussterben bedroht (Quelle: UICN, Union internationale pour la conservation de la nature, www.iucn.org/node/15949, Dezember 2016).

19) Statt Gelder in eine ökologisch sinnvolle Agrarwende zu investieren, setzen die größten Akteure bei den neuen Technologien derzeit auf Mini-Drohnen, um die kostenlose Dienstleistung der bestäubenden Insekten gegen eine einzutauschen, für die man bezahlen muss.

20) Hardy, Caroline (2012): Apis mellifera, histoire d'une espèce. *Abeilles & Cie, No. 146, Seite 13 – 14.*

21) „La cire d'abeilles utilisée depuis le néolithique", Francois Savatier (www.pourlascience.fr/sd/archeologie/la-cire-dabeille-est-utilisee-depuis-au-moins-10000ans-12207.php, Dezember 2015).

22) An der archäologischen Ausgrabungsstätte von Tel Rehov (Israel) wurden 30 Lehmbienenstöcke sowie die Spuren zahlreicher anderer Bienenstöcke entdeckt.

Die Krabbenspinne aus der Familie Thomisidae lauert auf Blüten ihrer Beute auf. Mit ihren Beinen ergreift sie eine Sammlerin, dreht sie um sich selbst, damit sie die Orientierung verliert, und beißt mit ihren Kieferklauen in den Nacken der Biene. Sie ist eine Meisterin der Tarnung und kann in wenigen Tagen das Aussehen der Blüte annehmen, die sie bewohnt.

Im Jahr 1950 reist Bruder Adam in andere Länder, um reine einheimische Kolonien zu finden, die er in ihrer Umgebung beobachtet. Er nimmt sie mit nach England und kreuzt sie mit seiner Buckfastbiene. Alle werden anhand einer biometrischen Analyse identifiziert, bei der die morphologischen Charaktereigenschaften durch Auswertung von sechs Kriterien (unter anderem Färbung, Behaarung, Körperumfang und Flügelmuster) bestimmt werden. Als erster großer Hybridzüchter legt Bruder Adam in zwölf Jahren über 250 000 km in Europa und im Mittelmeerraum zurück. Der Imker-Mönch ist überzeugt: „Die Aufgabe der modernen Imkerei besteht darin, Rassen zu entdecken, die für die Zucht am meisten einbringen, diese zusammenzubringen, ihre jeweiligen Qualitäten offenzulegen und die besten dieser Qualitäten durch Kreuzung zu neuen Kombinationen zusammenzufügen[23].“ 1967 sind seine Kreuzungen abgeschlossen. Seither wird die Buckfastbiene von zahlreichen Profi-Imkern – vor allem in Frankreich – sehr geschätzt.

Die Kusinen: Italienische und Kärntner Biene

Vor Bruder Adam beruht das Know-how der Bienenzüchter im Wesentlichen auf der Selektion von Zuchtlinien, die vermehrt und kommerzialisiert werden. Die besonders sanftmütige Kärntner Biene *(Apis mellifera carnica)* verzeichnet ab dem Ende des 19. Jahrhunderts große Erfolge. Tausende Schwärme kommen aus Slowenien und werden in ganz Europa ansässig. Bruder Adam ist von der „nahezu unglaublichen Widerstandsfähigkeit“ der Kärntner Biene beeindruckt. Er unterstreicht ihr maßvolles Verhalten, ihre Qualitäten beim Bauen, ihren Sammeleifer, ihren „außergewöhnlichen Sinn für Sparsamkeit“. Außerdem betont er, dass ihre Brut überaus wenig anfällig für Krankheiten sei. Da sie jedoch eine stark ausgeprägte Neigung zum Schwärmen hat, bekommt sie bald schon Konkurrenz.

Die Italienische Biene *(Apis mellifera ligustica)* ist und bleibt die Lieblingsbiene der Imker weltweit. Man findet sie in den Vereinigten Staaten, in Lateinamerika, in Australien, in China ... Wie ihre Kusine aus dem Norden ist auch sie sehr sanftmütig, allerdings hat sie einen weniger stark ausgeprägten Schwarmtrieb. „Die Italienische Biene ist ein Geschenk der Vorsehung (...). Sie ist bei Weitem nicht perfekt, doch hat sie die Natur mit verschiedenen Qualitäten ausgestattet, die sie gegenüber jeder anderen Rasse überlegen sein lässt“, schwärmt Bruder Adam. *Ligustica* ist in der Tat sehr arbeitsam, besitzt einen starken Bautrieb, ist reinlich und widerstandsfähig gegenüber Krankheiten. Die Königin kann bisweilen völlig ungebremst Eier legen, was jedoch nicht nur von Vorteil ist. Denn dann neigen die Arbeiterinnen dazu, „jeden Tropfen Honig für die Brut zu verwenden, damit daraus Bienen werden, was zu Lasten der Vorratshaltung für schwere Zeiten geht“. Aufgrund dieses Charakterzugs sind für die Italienische Biene bestimmte Blüten günstiger, wie das Heidekraut oder der Rote Klee, und unter Umständen muss der Imker zu Beginn des Winters seine Kolonien zusätzlich füttern, während dies bei anderen Unterarten nicht in diesem Ausmaß notwendig ist.

Die Interessen auf beiden Seiten

Die Interessen der Bienen entsprechen meistens nicht den ökonomischen Interessen der Menschen[24]. Die französischen Imker haben Bienen aus der ganzen Welt importiert. Die daraus entstandene genetische Mischung kann für die Bienen vorteilhaft sein, wenn sie sich zum Beispiel an klimatische Veränderungen anpassen müssen. Auf der anderen Seite werden dadurch aber auch neue Pathogene importiert und es kann zu „unglücklichen“ Kreuzungen kommen, wie im Fall der afrikanisierten Biene. Durch die genetische Vermischung sind hauptsächlich die reinen einheimischen Rassen gefährdet. Wenn man Bienen in Landschaften und Klimazonen ansiedelt, an die sie nicht angepasst sind, birgt das ernsthafte Gefahren. Vor allem Hybridrassen neigen zu einer übermäßigen Eiablage. Kehrt dann im Frühjahr – für die Bienen unerwartet – noch einmal der Frost zurück, kann die Kolonie mangels Nektar absterben. Die einheimischen Bienen sind aufgrund ihrer evolutionären Erfahrungen umsichtiger und daher weniger geneigt, die Produktionserwartungen der Imker zu erfüllen.

Die Dunkle Biene – robust und doch empfindsam?

Die Dunkle Biene konnte ganz Westeuropa erobern, weil sie während der letzten Eiszeit nach Südfrankreich floh, bevor sie sich im Norden und Osten bis zum Ural-Gebirge[25] niederließ. Aus imkerlicher Sicht hat diese widerstandsfähige Biene ein paar gravierende Nachteile, darunter ihre stark ausgeprägte Schwarmneigung und eine ausgesprochene Vorliebe für Propolis – das Innere mancher Bienenstöcke ist dermaßen mit dem Kittharz „verspachtelt“, dass sich die Rähmchen kaum aus den Zargen ziehen lassen und die Völkerdurchsicht erschwert wird. Seit einiger Zeit setzen sich jedoch viele Imker wieder für die Dunkle Biene ein, denn sie ist in zahlreichen Ländern vom Aussterben bedroht.

Die Dunkle Biene *Apis mellifera mellifera* ist die in Westeuropa einheimische Spezies. Die auf diesem Rähmchen sitzenden Bienen leben im spanischen Baskenland, wo die Universität Bilbao zwei Bienenstöcke unterhält. Die Dunkle Biene ist anspruchslos, baufreudig, besonders winterhart sowie eine ausgezeichnete Sammlerin und ausdauernde Fliegerin. In schlechten Zeiten stellt die Königin die Eiablage sehr schnell ein, um eine Hungersnot zu vermeiden.

23) *Alle Zitate von Bruder Adam: Frère Adam (1966):* À la recherche des meilleures races d'abeilles. *Le Courrier du Livre, Paris.*
24) *Le Conte, Yves, Navajas, Maria (2008):* Changements climatiques: impact sur les populations d'abeilles et leurs maladies. *Rev. sci. tech. Off. int. Epiz, 27 (2), Seite 485 – 497.*
25) *Crane, Eva (1999):* The World History of Beekeeping and Honey Hunting. *Taylor & Francis, London, Seite 12.*

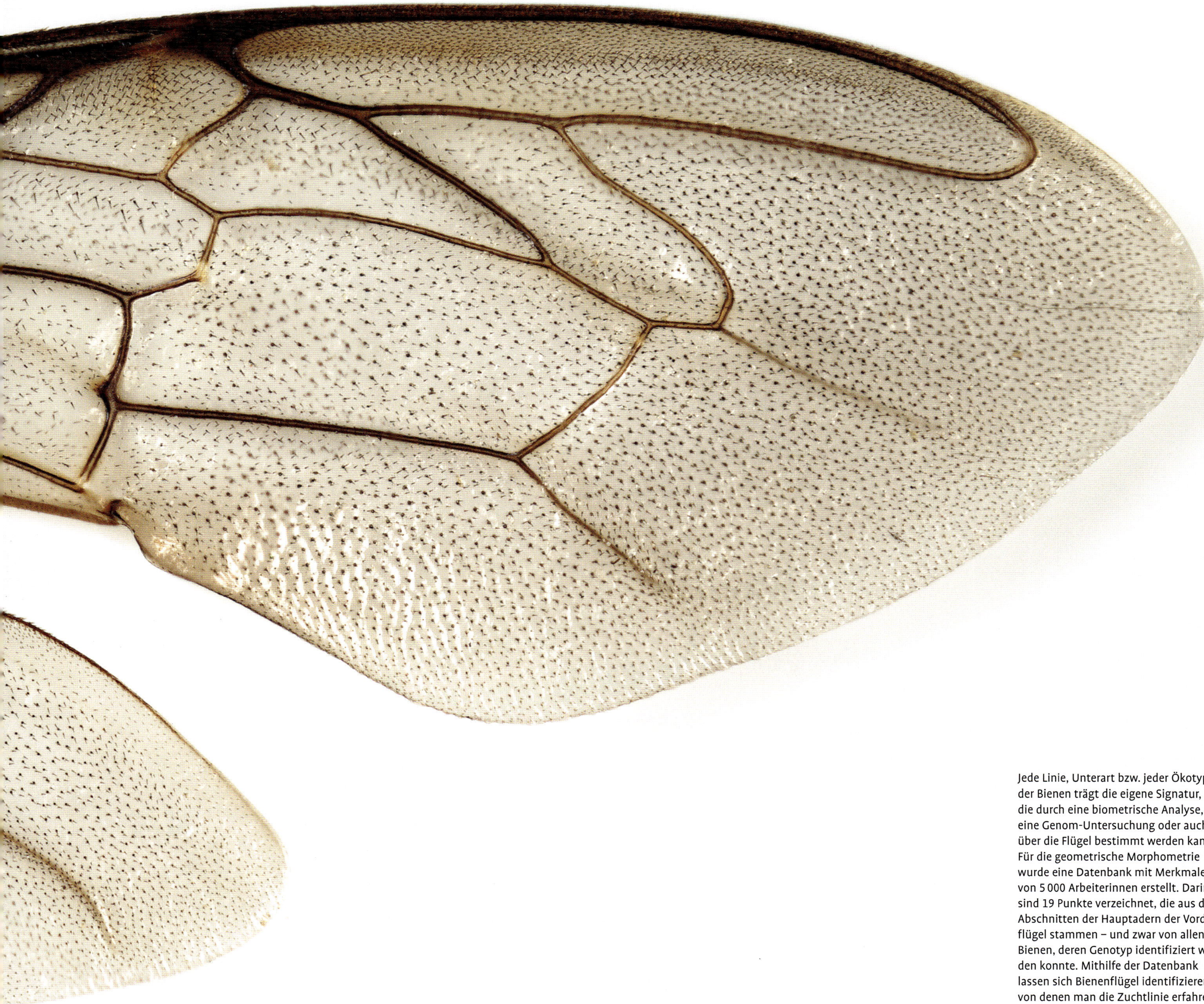

Jede Linie, Unterart bzw. jeder Ökotyp der Bienen trägt die eigene Signatur, die durch eine biometrische Analyse, eine Genom-Untersuchung oder auch über die Flügel bestimmt werden kann. Für die geometrische Morphometrie wurde eine Datenbank mit Merkmalen von 5 000 Arbeiterinnen erstellt. Darin sind 19 Punkte verzeichnet, die aus den Abschnitten der Hauptadern der Vorderflügel stammen – und zwar von allen Bienen, deren Genotyp identifiziert werden konnte. Mithilfe der Datenbank lassen sich Bienenflügel identifizieren, von denen man die Zuchtlinie erfahren möchte.

Anders als die Italienische und die Kärntner Biene wurde *Apis mellifera mellifera* nie auf kommerzielle Weise exportiert – nur in der Zeit zwischen den beiden Weltkriegen führte man sie auf den britischen Inseln ein. „Es wäre ein nicht wiedergutzumachender Verlust, wenn (...) die einheimische französische Biene durch die derzeit vielerorts praktizierten Zuchtmethoden umkommen würde", warnt Bruder Adam. Denn die Dunkle Biene besitzt auch wertvolle Qualitäten: Sie ist genügsam, sehr baufreudig, fruchtbar, außergewöhnlich winterhart und eine ausgezeichnete Sammlerin mit kraftvollem Flug.

Die Analysen der unterschiedlichen Bienenrassen und ihrer Qualitäten bzw. Unzulänglichkeiten bleiben gattungsabhängig und beinhalten zahlreiche Widersprüche, entsprechend der fast unbegrenzten Anzahl von Zuchtlinien, die innerhalb der gleichen Unterart bestehen. Vergleicht man etwa beschriebene Eigenschaften der bretonischen Dunklen Biene mit Bruder Adams Schilderungen der Dunklen Biene in Südfrankreich, gibt es eklatante Widersprüche. Bruder Adam spricht von ihrer „starken Aggressivität", die sie „ohne nennenswerten Grund in der Umgebung ihres Bienenstocks zeigt", während das Bienenkonservatorium auf der bretonischen Insel Ouessant die „hohe Beständigkeit auf den Rähmchen" lobt sowie ein „sanftes und ausgeglichenes Verhalten".

Tatsächlich ist die Aggressivität der Dunklen Biene sehr umstritten. Der Wissenschaftler Lionel Garnery[26] bezweifelt sie und schreibt sie einer Kreuzung mit einer importierten Unterart zu. Ihre geringe Produktivität führt er auf die Tatsache zurück, dass die Dunkle Biene – im Gegensatz zu den importierten Bienen – nie auf dieses Kriterium hin gezüchtet wurde. Wie Garnery halten es zahlreiche Imker und Bienenforscher für äußerst wichtig, möglichst viele einheimische, an ihre Umgebung angepasste Bienenrassen zu bewahren[27]. Sehr skeptisch begegnen sie hingegen dem Projekt, eine sanftmütige, produktive Superbiene zu erschaffen, die resistent gegenüber Milben und Pestiziden ist.

Bienen auf offener See

Zurzeit florieren in Europa zahlreiche Bienenkonservatorien, die von Wissenschaftlern und Bienenliebhabern ins Leben gerufen wurden, die sich gegen das Verschwinden der Dunklen Biene zur Wehr setzen. Entscheidend ist eine Schutzzone mit einem Durchmesser von 7 km, in der keine importierten Bienen leben. Meistens findet die Befruchtung einer Königin in mindestens 3 km Entfernung von der Kolonie statt. Allerdings können sich die Drohnen dank ihrer kräftigen Flügelmuskulatur auch rund 7 km weit von ihrem Volk entfernen. Das 20 km von der Küste des Départements Finistère entfernte Bienenkonservatorium auf der Insel Ouessant erfüllt alle notwendigen Anforderungen. Es entstand 1978 aus zwei einheimischen Bienenkolonien und ist frei von Varroamilben, Pestiziden und Virosen. Die Verluste während des Winters betragen nur 3 % – eine absolute Ausnahme, die die Vitalität dieser Spezies beweist. Die Dunkle Biene der Ouessant-Insel wäre somit eine der seltenen französischen Stämme ohne jegliche Hybridisierung.

DAS GOLD DES BIENENSTOCKS

Ein Regenbogen aus Aromen

Ein guter Honig wird wie ein guter Wein verkostet: Man bewundert seine Farbe, von opalweiß bis intensiv schwarz, von hellgelb bis zu warmen Orangetönen, von ockergelb bis braun. Man riecht die Aromen, die einen ins Herz der Blüten tragen. Man schätzt die Textur – flüssig, cremig, feinsteif, kristallin. Schließlich lässt man ihn lange auf die Geschmacksknospen einwirken und schluckt ihn mit großem Respekt, um abzuschätzen, wie lange er im Mund nachwirkt. Wie beim Wein ist das Honigvokabular „schwungvoll" und „blumig" wie ein Gedicht. Der korsische Imker Denis Casalta hat uns von seinen Honigsorten erzählt, speziell von seinem Erdbeerbaumhonig. Dieser Strauch blüht in der kalten Jahreszeit – in Küstennähe von Allerheiligen bis in den Februar hinein. „Da es zu dieser Jahreszeit weniger Bienen gibt, müssen die Blüten mehr Duft verströmen, um sie anzulocken. Der sehr aromatische Honig wird von reifen, maskulinen Gaumen eher geschätzt als von jungen, weiblichen. Er ist sehr weit vom herkömmlichen Honig entfernt – was immer das auch heißen mag – und man sollte seinen Gaumen auf eine Überraschung vorbereiten, bevor man ihn verkostet. Er schmeckt so kräftig wie ein Stück sehr dunkle Schokolade. Man muss ihn nicht mögen, sondern beobachten, wie sich im Mund Geschmacksnoten entfalten – von bitter über gerösteten Kaffee bis Karamell, von Crème brûlée bis Lakritze und zum Schluss von kleinen Splittern dunkler Schokolade ... Sein Geschmack ist kaum zu beschreiben, er gilt als großartige Arznei und Kinder haben mir gesagt, er schmeckt wie ein Regenbogen."

Dieser Schweizer Bienenzüchter von der „Société d'Apiculture Romande" hat sich für die Kärntner Biene entschieden, die für ihre außergewöhnliche Sanftheit bekannt ist. Zahlreiche Imker sind zu Züchtern geworden, um ihre Bienenstöcke neu zu bevölkern. Trotz angeblicher „Zuchterfolge" sterben in Frankreich jedes Jahr 30 % aller Kolonien.

26) *Auf Bienengenetik spezialisierter Forscher am CNRS-Laboratorium in Gif-sur-Yvette.*

27) *Astier, Marie (12. September 2014):* Il faut sauver l'abeille noire. *Reporterre. https://reporterre.net/Il-faut-sauver-l-abeille-noire.*

Der Honig enthält den Geschmack seiner Landschaft und diese ist dem Imker vertraut: Er kennt ihre Blütezeiten, genau wie ein Winzer seine Rebsorten kennt. Es gibt die „edlen“ Honigsorten – unter anderem Lavendel, Rosmarin, Tanne[28], Heidekraut, Kastanie, Thymian, Linde oder Akazie – und die „üblichen“ Sorten wie Sonnenblumenhonig (sehr angenehm im Mund), Raps- (cremig und fast weiß) und Blütenhonig (oft sehr aromatisch und blumig schmeckender Mischhonig aus dem Nektar mehrerer Trachtpflanzen). Der kräftige Kastanienhonig schmeckt mitunter fast bitter, kann jedoch durch Zugabe von etwas Brombeere abgemildert werden.

Es sei an dieser Stelle an einen Satz von Karl von Frisch erinnert[29]: „Unsere Sammlerin muß an die 1 000 bis 1 500 Einzelblüten des Klee befliegen, um ihren Magen einmal zu füllen. (...) der Schlecker, der einen Löffel Honig wie einen Löffel Milch hinunterschluckt, mag manchmal daran denken, durch wieviel Arbeit er zustande kam.“

Honigfälschungen[30]

Gibt es wirklich „schlechte“ Honige? Es gibt verfälschte Honigsorten, die seit einiger Zeit weltweit auf dem Vormarsch sind. Leider gehört Honig zu den neun Nahrungsmitteln, die aus wirtschaftlichen Motiven am häufigsten gepanscht werden.

Zwischen 2007 und 2014 stieg die Anzahl der Bienenstöcke weltweit um 8 %, während die Honigexporte um 61 % anstiegen. In asiatischen bzw. osteuropäischen Ländern wie China, Indien, Vietnam, Ukraine, Thailand und Türkei nahm die Anzahl der Bienenstöcke um 13 % zu und die Honigexporte wuchsen um 196 %. Mit Blick auf China lässt sich von 2006 bis 2015 eine durchschnittliche Steigerung beim jährlichen Honigexport von 8176 t erkennen, während die Produktivitätszahlen auf der ganzen Welt rückläufig sind. Das Land beherbergt rund 9 Millionen Bienenstöcke, die jährlich rund 450 000 t Honig produzieren – das ist weniger, als der für China geschätzte Verbrauch.

Wie kommen diese Zahlen zustande? Chinesischer Honig wird meist vor Erlangung seiner vollen Reife geerntet, das heißt, sein Wassergehalt ist noch zu hoch. Das spart Zeit und Geld, denn die Arbeiterinnen müssen keine Zeit darauf verwenden, dem Honig Wasser zu entziehen und die Sammlerinnen können möglichst schnell wieder neuen Nektar eintragen. Um eine Fermentierung zu verhindern, lässt man den unreifen Honig in Fabriken mechanisch trocknen, er wird mit synthetischen Ersatzstoffen behandelt und die Hefen werden herausfiltern. Gleichzeitig wird der Honig mit Mais- oder Reissirup, Rote Bete oder Rohrzucker gepanscht, wenn diese Zutaten nicht sogar die gesamte Masse ausmachen. Europäische Laboratorien unterziehen den Honig einer Pollenanalyse, doch die chinesischen Ingenieure haben Mikrofiltrationsprozesse entwickelt, mit denen selbst winzigste Pollenspuren beseitigt werden können. Die Tragweite dieses Betrugs hat ein Ausmaß erreicht, dass die Europäische Union Testkampagnen ins Leben gerufen hat. 2016 führte das deutsche Labor QSI Analysen durch: 60 % der Proben waren gepanscht. Mit der sogenannten Nuklearen Magnetischen Resonanz (NMR) lassen sich Verfälschungen aufdecken und die botanische bzw. geografische Herkunft der Produkte (das Wort „Honig“ wagt man kaum auszusprechen) bestimmen. Zumindest erschwert das die Arbeit der Panscher und treibt deren Kosten in die Höhe.

Widerstand leisten

Während man noch auf die Umsetzung – und die Auswirkungen – des neuen europäischen Plans wartet, können wir uns als Verbraucher für einen bewussten und nachhaltigen Honigeinkauf entscheiden. Wenn die breite Masse zu regionalen Produkten greift, hat das große Auswirkungen. Überall gibt es Imker, die ihren qualitativ oft sehr hochwertigen Honig zum Verkauf anbieten. Es sind Honigsorten, die von den verschiedenen Landschaften erzählen, die die Sonnenfarbe der Löwenzahnblüten tragen und den Wohlgeruch des Heidelands, der Tannen, Kastanien und des mit Erika bewachsenen Unterholzes verströmen. Wer seinen Honig direkt beim Imker vor Ort kauft, gewinnt nicht nur vielfältige Aromen, sondern meistens auch bemerkenswerte Begegnungen mit den „Frauen und Männern in den weißen Schutzanzügen“. Kleine Freuden, die einer großen Sache dienen.

Zwei Buckfastbienen auf Honigzellen. Nach 50-jähriger Forschungsarbeit über die Stämme von *Apis mellifera* hat Bruder Adam 1967 die erste Hybridbiene geschaffen – auf Basis der von Imkern geschätzten Kriterien: Fruchtbarkeit, Sanftmut, Standhaftigkeit auf den Rähmchen, Widerstandsfähigkeit gegenüber Krankheiten, geringe Schwarmneigung und Sammeleifer.

28) *Bei Tannen-, Wald- und Blatthonig handelt es sich um von den Bienen verarbeiteten Honigtau – den Ausscheidungen von Blattläusen.*
29) *Frisch, Karl von (1941):* Aus dem Leben der Bienen. *Springer, Berlin, Seite 17.*
30) *Garcia, Noberto (Mai 2016):* Prix du miel, l'effondrement. *Abeilles & Cie, No. 174, Seite 31 – 36.*

Die Hügel nahe des Bergs Gerbier-de-Jonc im Zentralmassiv sind von Blüten übersät. Der Ginster liefert zwar keinen Nektar, ist jedoch reich an Pollen: Die Bienen sammeln ihn sehr gerne und kehren stets gelb gepudert zum Bienenstock zurück.

Beim Öffnen dieses Bienenvolks, das in einem Baumstamm nistet, kommt das bernsteinfarbene Gold des Kastanienhonigs zum Vorschein. Es wird nur der obere Teil der Waben geerntet. Danach werden die Honigwaben gepresst, was einen qualitativ sehr wertvollen Honig ergibt.

In den Cevennen, in der Nähe von Villefort, unterhält der Profi-Imker Pierre de la Rue du Can aus Leidenschaft einen traditionellen Imkereibetrieb aus sogenannten Klotzbeuten – ausgehöhlte Baumstämme, die zu den ältesten vom Menschen hergestellten und transportablen Bienenwohnungen gehören.

Beziehen die Bienen einen hohlen Baumstamm oder einen Bienenkorb, bauen sie ihre Waben an den Wänden fest und oft nicht ganz parallel, sondern in gewundenen Linien. Anders als bei einem Bienenstock mit Rähmchen, können solche Waben vom Imker für eine Völkerdurchsicht nicht entnommen werden.

DIE ARCHITEKTUR DES NESTS

„Es muss ein beschränkter Mensch sein, welcher bei Untersuchung des ausgezeichneten Baues einer Bienenwabe, die ihrem Zwecke so wundersam angepasst ist, nicht in begeisterte Verwunderung geriethe. Wir hören von Mathematikern, dass die Bienen praktisch ein schwieriges Problem gelöst und ihre Zellen mit dem geringstmöglichen Aufwand des kostspieligen Baumateriales, des Wachses nämlich, in derjenigen Form hergestellt haben, welche die grösstmögliche Menge von Honig aufnehmen kann.“

CHARLES DARWIN
Über die Entstehung der Arten durch natürliche Zuchtwahl, 1859[1]

1) Zitiert nach: Tavoillot, Pierre-Henri, Tavoillot, François (2017): L'abeille (et le) philosophe, *Odile Jacob, Paris, Seite 263.*

DIE ARCHITEKTUR DES NESTS

Kinderstube, Schlaf- und Ruheraum, Stützgerüst, Vorratslager, olfaktorisches und auf Schwingungen basierendes Kommunikationsnetzwerk, Informationsspeicherzentrum bzw. Gedächtnis, Sinnesorgan, Nervensystem und Immunsystem der Bienenkolonie – das alles sind die Funktionen des Wabenwerks, über das Maeterlinck schrieb, dass es „der vollkommenste Gegenstand der Lebenslogik" sei. Es hat Einfluss auf die drei Dimensionen, auf denen jede Lebensform beruht: Materie, Energie und Information. In diesem Sinne bildet die vom Bienenvolk selbst gebaute Wohnstätte den Grundstein für den Superorganismus. Sie trägt im selben Maße zum Zusammenhalt der Kolonie bei wie jedes einzelne Tier.

100 000 BIS 200 000 ZELLEN

Jede Wabe besteht aus zehntausenden sechseckigen Zellen, von denen die meisten 5,2 – 5,4 mm im Durchmesser aufweisen – mit Ausnahme der um ein Drittel größeren Zellen, in denen die Drohnen heranwachsen. In der Welt der wabenbauenden Insekten einzigartig ist die Tatsache, dass die Waben von *Apis mellifera* unterschiedslos für die Brut, den Pollen oder Honig bestimmt sind, obwohl ihre allgemeine Organisation immer die gleiche ist. Wie auch andere in großen Gemeinschaften lebende Tiere bringen die Bienen ihren Nachwuchs in der warmen und geschützten Nestmitte unter. Mitunter befinden sich dort bis zu 10 000 bestiftete Zellen, in denen die Königin Eier abgelegt hat, 15 000 – 16 000 Zellen mit Larven und etwa 40 000 verschlossene Zellen, in denen die Puppen ruhen[2]. Das meist kugelförmig angelegte Brutnest ist von Pollenvorräten umgeben, damit die Ammenbienen kurze Wege zu den für die Aufzucht wichtigen Eiweißquellen haben. Über dem Pollenkranz liegen Zellen, in denen Honig lagert.

In der Hochsaison verbringt die Stockmutter jede Minute mit der Eiablage. Sie legt je ein Ei sehr geruhsam auf den Boden der Zellen. Dabei geht sie stets von der Wabenmitte – nahe der Brut – aus, bestiftet aber nicht regelmäßig jede freie Zelle. Ist das ihre Entscheidung oder die der Arbeiterinnen? Es ist bekannt, dass die Königin eine leere Zelle erst inspiziert, bevor sie mit dem Hinterleib voraus in die Zelle klettert. Sie platziert nur dann ein Ei auf dem Zellenboden, wenn die Zelle zuvor von einer Putzbiene von sämtlichen Abfällen gereinigt wurde und die Wände blank poliert sind. Bei einer Kolonie aus vielen tausend Individuen ist eine konzentrische Organisation sehr sinnvoll. In der Wabenmitte, wo Temperatur und Luftfeuchtigkeit am konstantesten sind, befindet sich das Element, das sich am langsamsten entwickelt – die Brut.

Der Tanzboden[3]

Die Wabenfläche, die im Volk den Tänzerinnen zugedacht hat, misst kaum mehr als 10 x 10 cm von den insgesamt rund 5 m^2 Wabenfläche. Diese deutlich begrenzte Tanzfläche, auch Tanzboden genannt, befindet sich in der Nähe des Fluglochs. Hier übermitteln die Sammlerinnen die Ergebnisse ihrer Erkundungsflüge. Versetzt man das Wabenstück an eine andere Stelle im Bienenstock und platziert eine gleich große Wabenfläche in Fluglochnähe, nehmen die Sammlerinnen den neuen Tanzboden nicht an. Da sie ihre Nachrichten schnell übermitteln wollen, machen sie sich sofort auf die Suche nach ihrer mit Duftstoffen markierten Tanzfläche und beginnen mit ihrem Tanz, sobald sie sie gefunden haben. Erst am folgenden Tag tanzen die Sammlerinnen wieder am Stockeingang, und zwar auf einer vollkommen neu markierten Fläche. Man vermutet, dass sich der Geruch des Tanzbodens über Nacht verflüchtigt und die Bienen täglich eine neue Wabenfläche markieren.

Vorige Seite: Honigbienen schwitzen hauchdünne Wachsplättchen aus und bauen daraus ein derart präzises Wabenwerk, dass viele bedeutende Wissenschaftler vermuteten, die Bienen müssten ein mathematisches Verständnis haben.

Bienenwaben sind weit mehr als eine Wohnstätte, sie machen einen wesentlichen Bestandteil des Superorganismus aus, indem sie als Gerüst, Immunsystem, Sinnesorgan und Nervensystem fungieren. Frischer Naturwabenbau ist weiß wie Alabaster.

2) *Maeterlinck, Maurice (1963):* La Vie des Abeilles. *Editions Transatlantiques, Paris, Seite 32.*
3) *Vgl. Kapitel „Intelligenz und Kommunikation", Seite 217.*

DAS GROSSARTIGE WERK DER BIENEN

Wenn das Bienenvolk im Frühjahr – meistens im Mai oder Juni – stark angewachsen ist, beginnt die Schwarmzeit: Das Volk will sich vermehren. Mehrere tausend Bienen verlassen zusammen mit der Königin ihr Zuhause. Bevor sie schwärmen, haben sich die Bienen an den Honigreserven mit Honig vollgesaugt – so viel, wie ihre Honigblase aufnehmen kann. Die Reserve muss für einige Tage reichen, denn für das Schwärmen, die Suche nach einer neuen geeigneten Höhlung, den Einzug sowie die Konstruktion von rund 5 000 neuen Zellen benötigen die Bienen viel Energie.

Der Bau im neuen Zuhause beginnt naturgemäß an der Decke eines hohlen Baumstamms. Mehrere Baubienen schwitzen hauchdünne Wachsplättchen aus Wachsdrüsen auf der Unterseite ihres Hinterleibs aus und transportieren sie mithilfe der Vorderbeine zum Mund. Mit den Mundwerkzeugen kneten sie das Wachs unter Zugabe von körpereigenem Sekret, bis es die gewünschte Konsistenz aufweist. Nun können sie es in Form kleiner, umgedrehter Pyramiden an den Ansatzstellen der zukünftigen Waben auftragen. Dabei gehen die sich ständig abwechselnden Baubienen keinesfalls planlos vor. Nachdem die ersten Wachshäufchen geformt sind, werden sie ausgehöhlt und das Wachs zylinderförmig auseinandergezogen. Dabei nutzen die Baubienen den eigenen Körper wie eine Art Schablone, bis die ersten Zellen entstehen, deren Wände so dünn sind wie ein Blatt Papier. Für eine große Wabenfläche beginnen die Baubienen an mehreren räumlich getrennten Stellen gleichzeitig, bis die einzelnen Wabenflächen am Ende zusammenwachsen.

Das Rätsel um die Wachskette

Der Wabenbau wird nun zu einem kollektiven Gemeinschaftswerk. Dutzende Bienen verhaken sich mit ihren abgespreizten Beinen ineinander und bilden ein lebendes Netz, das von der Baukonstruktion senkrecht nach unten herabhängt. Diese sogenannte Baukette ist sehr empfindlich und bricht bei der kleinsten Störung auseinander. Die Baubienen können zwar gut an ihr hinaufklettern, um zur Baustelle zu gelangen, doch worin der wirkliche Nutzen der Baukette besteht, ist noch unklar. Eine Vermutung war, dass die Baukette wie eine Bauanleitung die Form der zukünftigen Wabe festlegt. Allerdings benötigen die Bienen weder Lot noch Schablone für ihre Arbeit, da sie einen Sinn für Vertikalität besitzen. Der Bienenforscher Roger Darchen stellte bei den in der Kette verharrenden Bienen eine erhöhte Temperatur fest und dachte an eine Art Wärmefalle, die die Arbeit der Baubienen zu erleichtert[4] – eine Hypothese, die etwas später mithilfe einer Wärmebildkamera untermauert werden konnte. Mithilfe von Endoskopen wurden vor kurzem ähnliche Bienennetze beobachtet, die sich nachts am unteren Rand der Waben bildeten und morgens wieder aufgelöst wurden. Diese Ketten sind nicht mit einer Bautätigkeit verbunden, denn die ineinander verhakten Bienen haben die gleiche Körpertemperatur wie die Umgebung: Sie sind vollkommen bewegungslos. Könnte es vielleicht sein, dass sie schlafen?

Die Baubienen sind bis zu 10 Stunden am Stück tätig, danach ruhen sie sich bis zu 20 Stunden lang aus, bevor sie ihre Bautätigkeit wieder aufnehmen. Diese Phasen werden an unterschiedlichen Baustellen der gleichen Kolonie übereinstimmend eingehalten, ohne dass man weiß, weshalb bzw. wie das koordiniert wird.

Die Detailaufgaben

Die Wachsstädte werden in Arbeitsgemeinschaften mit legendärer Präzision erbaut. Wichtige Dienste erfüllen dabei hunderte an „Ausbesserungsbienen" – sie reparieren beschädigte Stellen, verschließen die Zellen mit einem Wachsdeckel, bauen Zellen aus oder um ... So wandeln Ausbesserungsbienen beispielsweise Arbeiterinnenzellen in Drohnenzellen um und umgekehrt. Wird eine junge befruchtete Königin in einen Bienenstock eingesetzt, der überwiegend Drohnenzellen besitzt, machen die Bienen schleunigst Arbeiterinnenzellen daraus. Sie verkleinern die Drohnenzellen und umgeben sie mit einem dicken Wachsring.

Man weiß bisher nicht, seit wann *Apis mellifera* auf diese Art und Weise baut. Erwiesen ist, dass sie ihr Fortbestehen der Einzigartigkeit ihrer Wohnstätte verdankt. Als einziges Tier produzieren die Bienen ihr eigenes Baumaterial, indem sie Wachsschuppen ausschwitzen. Je nach Bedarf wird das Wachs neu modelliert und eingesetzt – und es besitzt nutzbringende Eigenschaften: Bienenwachs ist sowohl durchlässig für die von den Heizerbienen ausstrahlende Wärme als auch isolierend gegen Wärmeverluste. Die parallel verlaufenden, mit der Schwerkraft senkrecht nach unten hängenden Wachswaben sind überlebenswichtiger Bestanteil des Bienenvolks.

Vorige Seite: Am Boden der frisch gebauten Zellen sind die reiskorngroßen Eier zu erkennen, die am selben Tag gelegt wurden. Die Maße der Zellen betragen 5,2 – 5,4 mm im Durchmesser und rund 12 mm in der Tiefe. Ihre Wände sind 0,073 mm dick bei einem Winkel von 120°. Die Ellipsenform der ersten Stadien der Naturwabe entspricht außerdem den Größenverhältnissen des Goldenen Schnitts.

Der Abstand zwischen zwei parallel hängenden Waben beträgt 8 – 11 mm. Er wird beim Bauen streng eingehalten, denn so kommen zwei Bienen Rücken an Rücken aneinander vorbei, ohne sich gegenseitig zu behindern. Der Abstand regelt auch die Luftzirkulation in der Kolonie, indem Wärmeverluste begrenzt werden.

4) *Chauvin, Rémy (1999):* l'Énigme des abeilles. *Éditions du Rocher, Monaco, Seite 113. Roger Darchen, der zusammen mit seiner Ehefrau Bernadette an dem Werk* Le Monde des abeilles *mitwirkte, schrieb auch das Vorwort zu den Memoiren von Karl von Frisch.*

Diese neu gebauten Zellen sind unterschiedlich groß: Die großen Zellen sind für die Drohnenlarven reserviert. Drohnenzellen sind im Durchmesser ein Drittel größer als Arbeiterinnenzellen, ihre Tiefe liegt bei 16–17 mm.

Zwischen zwei Wachskammern taucht eine Biene kopfüber in eine Zelle, um dort die Wände mechanisch und unter Wärmeeinsatz zu glätten. Die ursprüngliche Konstruktion wird von hunderten Ausbesserungsbienen perfektioniert.

Das Gemeinschaftswerk erfordert enorm viel Energie: Zur Herstellung von 1200 g Wachs benötigen die Bienen 7,5 kg Honig.

Auf der Abdomenunterseite dieser Baubiene quellen Wachsplättchen hervor, die von acht Wachsdrüsen produziert werden, welche sich bei den Arbeiterinnen zwischen dem 12. und 18. Lebenstag entwickeln. Eine Bienenkolonie stellt ihr Baumaterial selbst her und ist damit einzigartig in der Tierwelt

Die Mathematik der Bienen

Wer von uns bewundert nicht die unglaubliche Regelmäßigkeit der Zellgeometrie? Die Zellenwände sind 0,073 mm dick – mit einer Abweichung von 0,002 mm – und etwas mehr als 1 cm lang[5]. Der Winkel zwischen den ebenen, aneinander angrenzenden Wänden beträgt haarscharf 120°. Die Waben hängen vertikal, mit einem Abstand von 8 – 11 mm, während die Zellen einen Neigungswinkel von 13° aufweisen – gerade ausreichend, dass der Nektar nicht herausfließen kann[6].

Die geheimnisvolle Präzision ihrer Bauwerke veranlasste einige Wissenschaftler wie beispielsweise Johannes Kepler (1571 – 1630) dazu, den Bienen ein mathematisches Verständnis zuzuschreiben. Der Naturforscher René-Antoine Ferchault de Réaumur (1683 – 1757) ging noch weiter und schlug vor, die Maße der Bienenzellen als Standardeinheit für Längenmaße einzuführen – ein Vorschlag, der bei Einführung des Meters 1793 in Vergessenheit geraten ist. Doch das größte Rätsel der Wabenzellen bleibt lange Zeit ihre geometrische Form. Wie stellen die Bienen dieses exakte Sechseck her? Für Generationen von Mathematikern[7] ist die sechseckige Wabenstruktur das ideale Gebilde, was Stabilität und Lagerkapazität im Verhältnis zum Materialaufwand angeht: 40 g Wachs können 2 kg Honig fassen! Wie schaffen es die Bienen, mit dieser in der Natur unübertroffenen Exaktheit zu bauen, die dem Präzisionsgrad eines Kristalls gleichkommt?

Wenn das Wachs die Wabe formt

Die Baubienen verdanken die verblüffende Regelmäßigkeit ihres Werks den natürlichen Eigenschaften des Wachses sowie ihrer Fähigkeit, Wärme zu erzeugen. Bienenwachs setzt sich aus 300 chemischen Bestandteilen zusammen, die in Kombination ein eindrucksvolles Material ergeben: Es weist die physikalischen Eigenschaften einer Flüssigkeit auf, erscheint jedoch bei niedrigeren Temperaturen als Feststoff. Entgegen der langjährigen Meinung der Wissenschaft setzt der Wabenbau keine außergewöhnliche Kunstfertigkeit der Bienen voraus, sie nutzen lediglich die besonderen Eigenschaften des von ihnen hergestellten Materials. Indem sie ihre Körpertemperatur ansteigen lassen, bringen die Baubienen einen Prozess in Gang, bei dem sich die Wachsmoleküle von selbst neu ausrichten. Dieser Neuausrichtung gehen zwei Etappen voraus: Eine erste Temperaturstufe ist bei ungefähr 25 °C erreicht, eine zweite bei rund 40 °C, an deren Ende das Wachs von einem amorphen Zustand (ungeordnete Moleküle) in einen quasikristallinen Zustand (parallel ausgerichtete Moleküle) übergeht. Unter der Wärmeeinwirkung werden die dünnen Zellwände langsam gestreckt. Die dabei erzeugte mechanische Spannung glättet die gemeinsamen Trennwände zwischen den Zellen – ähnlich wie bei zwei aufeinandertreffenden Seifenblasen, die sich über eine glatte Fläche miteinander verbinden[8]. So werden die Trennwände der Wachszellen perfekt eben, gleichmäßig dick und durch identische Winkel verbunden. Das Rätsel um das Sechseck wurde gelöst, die Bienen sind nicht die genialen Geometer, für die sie gehalten wurden. Eine Enttäuschung? Ihr Genie im Bereich Konstruktion liegt woanders …

Bauen im Dunkeln

Die von den Bienen im Naturwabenbau errichteten Waben sind zwar nicht immer tadellos eben, dennoch achten die Arbeiterinnen auf die Parallelität der Waben. Zwischen zwei Waben lassen sie immer nur so viel Abstand, dass zwei Bienen Rücken an Rücken aneinander vorbeigehen können. So geht keine Wärme verloren und die Luftzirkulation bleibt erhalten. Ohne Anweisungen und in fast völliger Dunkelheit orientieren sich die Bienen beim Bauen am Erdmagnetfeld. Welche Sinnesorgane sie dabei leiten, weiß man nicht genau. Ebenso nehmen sie Vertikalität wahr – und zwar mithilfe der Härchen, welche an Gelenkverbindungen ihrer Beine, am Kopf, Brustkorb und am Hinterleib sitzen. Auf den Härchen befinden sich spezielle Sensoren, die die Richtung der Schwerkraft registrieren. Schließlich spielen auch die Antennen der Bienen eine wichtige Rolle beim Bauen. Durchtrennt man die beiden letzten Segmente der Antennen, errichten die Arbeiterinnen Zellen, deren Wände doppelt so dick sind wie normal. Sie können das Wachs nicht mehr auf die gewünschte Temperatur bringen, um es formbar zu machen, da man sie ihrer Hauptsensoren beraubt hat, mit denen sie ihre Umgebungstemperatur messen.

Vorige Seite: Eine Baubiene hält sich an der Wabe mit ihren vorderen und mittleren Beinpaaren fest. Sie bildet das erste Glied in der Baukette. Ihre Hinterbeine werden durch die von ihren Schwestern ausgeübte Zugkraft weit nach hinten gezogen.

Bauketten werden während des Wabenbaus gebildet, indem sich die Baubienen mit ihren Beinen ineinander verhaken. Aus welchem Grund die Bienen Bauketten bilden, konnte bislang noch nicht geklärt werden.

5) Je nach Verwendungszweck (Drohnen- oder Arbeiterinnenbrut, Honig- oder Pollenlager) kann die Länge der Zellen variieren.
6) Winston, Mark L. (1991): The Biology of the Honey Bee. *Harvard University Press, Cambridge (Massachusetts), Seite 81.*
7) Einer der Ersten ist der griechische Astronom und Mathematiker Pappos von Alexandria (ca. 290 – 350).
8) Setzt man sechs gleich große Seifenblasen zu einem Kreis zusammen, kann man beobachten, wie in der Kreismitte eine perfekt sechseckige Blase entsteht.

Die Baubienen sind nicht unfehlbar. Manchmal weisen unter schwierigen Umständen erbaute Waben eklatante Strukturfehler auf. Derartige Fehler werden bestmöglich korrigiert, indem die Bienen zu nah aneinander liegende Waben verbiegen oder – bei zu großen Abständen – eine neue Konstruktion dazwischensetzen. Dazu sagte Réaumur: „Es kommt bisweilen vor, dass sie sich irren, und das ist wiederum eine der Tatsachen, die beweisen, dass sie ein Urteilsvermögen besitzen."[9]

Das Bienen-Web

Alle Zellen sind an ihren oberen Rändern zusätzlich von kleinen Wachswülsten umsäumt. Sie bilden an der gesamten Wabenoberfläche ein zusammenhängendes ebenes Netz, das für die Kommunikation der Bienen von entscheidender Bedeutung ist. In der Dunkelheit des Nests, wo keinerlei visuelle Übermittlung stattfindet, ermöglicht das Netz eine der Verständigungsarten innerhalb der Kolonie: Es transportiert für uns kaum wahrnehmbare Vibrationen, die von den Bienen mit ihrer Flugmuskulatur erzeugt und über ihre Beine auf die Wabe geleitet werden.

Ohne Zuhilfenahme eines Messinstruments hat Karl von Frisch bereits vor 80 Jahren die Rolle des Wachses bei der Verständigung der Bienen erahnt. Vollführen die Sammlerinnen ihren Tanz auf offenen Zellen, wird die durch den Tanz angezeigte Nahrungsquelle drei- bis viermal öfter aufgesucht, als wenn die Tänze auf Zellen stattfinden, die mit einem Wachsdeckel verschlossen sind. Bei einer Messung mit dem Laser-Doppler-Vibrometer auf offenen bzw. verschlossenen Zellen hat sich gezeigt, dass die von einer Tänzerin ausgesendeten Schwingungen bedeutend besser auf offenen Zellen übertragen werden. Über die flächige Vernetzung werden die Schwingungen auf der gesamten Wabenoberfläche weitergetragen. Eine Insel aus verschlossenen Zellen unterbricht hingegen die Übertragung – die Vibrationen werden umgeleitet und die Kommunikation wird über die offenen Zellen jenseits der Insel fortgesetzt.

Der 120°-Winkel, über den die Zellen untereinander verbunden sind, verteilt die Kräfte auf optimale Weise und verleiht ihnen dynamische Eigenschaften, die den Menschen dazu gebracht haben, die Bienen nachzuahmen. Wabenstrukturen finden in der Technik vielfältigste Anwendungen, so im Bereich der Robotik, der Automobilindustrie, der Raumfahrt ...

Das „Intranet" der Wachswaben leitet nur einen engen Bereich zwischen 230 und 270 Hertz[10] weiter, der mit den Schwingungsfrequenzen der Sammlerinnen beim Schwänzeltanz[11] übereinstimmt. Ein unglaublich perfektioniertes, kontrolliertes und ständig verbessertes Telekommunikationssystem, bei dem die architektonischen Entwürfe und das Material perfekt an die Physiologie und Kommunikationsweise der Bienen angepasst sind. Im natürlichen Lebensraum der Bienen – hohlen Baumstämmen, die vor der Ausbeutung der Wälder reichlich vorhanden waren – funktioniert dieses System wunderbar. Mit der Verwendung von beweglichen Rähmchen in den Bienenstöcken hat der Mensch die Baubienen mit einem technologischen Problem konfrontiert: Die Waben sind von einem starren Holzrahmen umgeben, was die Ausbreitung der Schwingungen blockiert. Um weiterhin ihre Tanzkommunikation ausüben zu können, wurden die Bienen durch diesen Eingriff in ihr Architekturmodell zum Handeln gezwungen. Doch Bienen sind außergewöhnlich anpassungsfähig und installieren zwischen Holz und Wachs „Lücken", wodurch die Übertragung der Schwingungen wiederhergestellt wird.

Das interne Kommunikationsnetz der Kolonie funktioniert bei etwas höheren Temperaturen noch besser, da sich der mechanische Widerstand des Wachses verringert. Bei über 34 °C wird das Wachs allerdings zu weich, es verformt sich und leitet Schwingungen nicht mehr gut weiter. Tritt dieser Fall trotz Regulierungsmaßnahmen seitens der Bienen ein, greifen sie auf ein anderes Material zurück: Sie kneten winzige Streifen Propolis durch, bis es sich zu Fäden ziehen lässt und arbeiten diese in das Wachs ein.

Rund 80 000 Bienen leben auf insgesamt 5 m² Wabenfläche zusammen. Der Kommunikationsort der Sammlerinnen, wo sie ihre Tänze vorführen, ist eine ungefähr 10 cm² große Fläche, die sich in der Nähe des Stockeingangs befindet.

9) *Maeterlinck, Maurice (1963):* La Vie des Abeilles. *Editions Transatlantiques, Paris, Seite 107.*
10) *Anzahl der Schwingungen pro Sekunde.*
11) *Vgl. Kapitel „Intelligenz und Kommunikation", Seite 217.*

Mörtel, Antiseptikum und Bestattung

Die Endknospen mancher Bäume, zum Beispiel Pappeln, Birken, Erlen, Buchen und Kastanien, sondern eine dickflüssige Mischung aus harzigen, gummiartigen und balsamischen Substanzen ab – das Propolis. Die Bienen sammeln es die gesamte Imkersaison über, vorzugsweise bei höheren Temperaturen, wenn es gut formbar ist. Sie nagen das Kittharz mit ihren Mundwerkzeugen von den Knospen, reichern es mit Speichel an und transportieren es genau wie den Pollen an ihren Hinterbeinen in den Stock. Im Nest wird die klebrige Masse an andere Arbeiterinnen übergeben, die es je nach Verwendungszweck mit Speichel und Wachs anreichern, um es an Baustellen anzubringen, undichte Stellen in der Außenwand des Bienenstocks zu kitten oder das Flugloch zur besseren Verteidigung zu verengen[12].

Mehrere 100 g dieses sehr vielseitigen Materials werden im Innern des Bienenstocks verarbeitet. Dabei ist Propolis nicht nur kittendes Baumaterial, sondern dient dem Volk zugleich als Antiseptikum. Es besteht aus über 300 Bestandteilen mit unzähligen Wirkungsweisen, darunter zahlreiche Flavonoide, konservierende Carbonsäuren, phenolische Substanzen und ätherische Öle. Das gesamte Wabenwerk sowie die Innenwände des Stocks werden zum Schutz vor Viren, Bakterien oder Pilzen mit einer hauchdünnen antiseptischen Propolisschicht versehen. Ebenso „mumifizieren" die Bienen mit Propolis die Kadaver von Eindringlingen (zum Beispiel von Mäusen), die sie nicht mehr aus dem Nest transportieren können, und verhindern somit deren Verwesung[13].

Beim Bauen scheint das Propolis – neben seinen mechanischen Vorzügen – eine regulierende Rolle bei den Aktivitäten der Baubienen zu spielen. Darchen vermutete, dass nach dem Auftragen der Propolisschicht auf einer Wabe die Bautätigkeit vorerst eingestellt wird[14]. Trennt man von derselben Wabe ein Stück ab und frisches Wachs kommt zum Vorschein, wird die Arbeit schleunigst wieder aufgenommen.

Der Nestgeruch

Das Gedächtnis der Kolonie besteht aus Düften, die auch ihre einzigartige Signatur ausmachen. Durch die Zersetzung der langen Kohlenwasserstoffketten des Wachses und die Verdunstung seiner flüchtigen Bestandteile wird das ganze Nest in Wohlgerüche eingehüllt. Überdies stellen die von den Bienen untergemengten Speichelenzyme, das Propolis, der eingelagerte Nektar und Pollen sowie all die winzigen Abfallprodukte der Brut ein olfaktorisches Gesamtwerk dar, in dem die Bienen selbst winzigste Unterschiede wahrnehmen. Auf diese Weise können sie im Dunkel der Waben den Ort auswählen, an dem sie Nektar und Pollen einlagern – vorzugsweise in bereits älteren Zellen.

Das Wachs, das ihre Kutikula – ihr Exoskelett – schützt, ist mit denselben Duftstoffen imprägniert. So können die Wächterinnen am Flugloch Bienen aus fremden Kolonien identifizieren und ihnen den Zutritt zum Nest zu verwehren. Fremde Bienen können sich nur dann „einbetteln" – wie es in Imkerkreisen heißt –, wenn sie Nektar in ihrer Honigblase mit sich führen.

Vorige Seite: Die Tänzerinnen klammern sich an den „Wachswülsten" fest, die den oberen Rand der Zellen säumen, und übertragen die Schwingungen ihrer Flugmuskeln über ihre Beine auf das Wabenwerk. Auf diese Weise bilden die untereinander vernetzten Zellen auf der Wabe ein echtes Intranet.

Eine Biene bringt frisch gesammeltes Propolis ins Nest, das sie als sogenannte Pollenhöschen an ihren Hinterbeinen transportiert. Das in den Knospen verschiedener Baumarten hergestellte Kittharz ist das Wundermittel eines Bienenstocks. Mit Propolis werden Löcher repariert, Wachszellen stabilisiert, Waben sowie das Innere des Stocks ausgekleidet und es dient als Antiseptikum.

12) Daher stammt auch der Name, „pro polis" bedeutet im Griechischen so viel wie „vor der Stadt".
13) Vgl. Kapitel „Superorganismus", Seite 25.
14) Chauvin, Rémy (1999): l'Énigme des abeilles. *Éditions du Rocher, Monaco, Seite 105–106.*

Zwei Drohnen werden beim Schlüpfen von ihren Schwestern unterstützt. Mithilfe ihrer riesengroßen Augen, die beinahe die gesamte Fläche des Kopfs einnehmen, können sie beim Hochzeitsflug die Königin ausfindig machen.

Die ellipsenförmigen Waben fügen sich bestens in die Höhlung ein, die der Baumstamm bietet. Man erkennt die mit Honig gefüllten Zellen, die erst dann verschlossen werden, wenn der Feuchtigkeitsgehalt des Honigs unter 18 % liegt.

Bei kognitiven Tests lernen die Sammlerinnen in der freien Natur, ein Muster mit einer süßen Belohnung zu assoziieren. Sie können es unter anderen Motiven, die nicht mit einer Belohnung einhergehen, auswählen. Damit erbringen sie den Beweis für ihre Fähigkeit, sich abstrakte Regeln merken zu können.

INTELLIGENZ UND KOMMUNIKATION

„Den Honigbienen verdanken wir (...) ein anderes großes Geschenk, und das füllt nicht unseren Magen, sondern unser Gehirn: Jedes wimmelnde Bienenvolk ist ein Musterbeispiel für eine Gemeinschaft, deren Mitglieder Erfolg haben, weil sie zugunsten gemeinsamer Ziele gemeinsam arbeiten."

THOMAS D. SEELEY
Bienendemokratie, 2014

INTELLIGENZ UND KOMMUNIKATION

INTELLIGENZ, GEDÄCHTNIS UND ABSTRAKTION

Kaum glauben wir, unsere Einzigartigkeit begriffen zu haben, tauchen neue wissenschaftliche Studien auf und lösen die von uns errichteten Grenzen zwischen dem menschlichen Wesen und dem Wesen der Tiere auf. Unsere Fähigkeiten, Werkzeuge zu verwenden bzw. herzustellen, zu kommunizieren, Empathie zu zeigen ... teilen wir nunmehr mit anderen Wirbeltieren. Aber was ist mit den Insekten? Sind wir bereit, auch bei ihnen „typisch menschliche“ Verhaltensweisen und Fähigkeiten anzuerkennen?

Die kollektive Intelligenz des Superorganismus ist beeindruckend: Im Bienenvolk führen tausende von Interaktionen zwischen tausenden Wesen zu so komplexen Tätigkeiten wie beispielsweise den Bau einer Wachswabe oder die Wahl eines neuen Nistplatzes. Wie gelingt das den Bienen einer Kolonie? Können sie Dinge erlernen, ableiten, sich einprägen? Verbirgt sich in diesem winzigen Gehirn eine Intelligenz?

Am Scheideweg des Labyrinths

Rund ein Dutzend Bienenstöcke reihen sich im Imkerbetrieb des CRCA[1] in Toulouse in einem von Hecken umsäumten Garten aneinander. Auf dem Flugbrett eines Bienenstocks glättet eine Sammlerin ihre Antennen, bevor sie sich aufmacht und durch das offene Fenster eines Gebäudes fliegt. Im Raum angekommen, begibt sie sich zu einem Y-förmigen Kasten. Er weist unten einen winzigen Eingang auf, der mit einem abstrakten Muster aus schwarzen Streifen auf weißem Grund verziert ist. Im Inneren der Vorrichtung kann die Biene zwischen zwei Abzweigungen wählen: In der einen ist ein Motiv, das sich von dem am Eingang unterscheidet, in der anderen befindet sich das gleiche Motiv mit den schwarzen Streifen. Zielstrebig lässt sich die Biene auf dem gleichen Motiv nieder und erhält einen Tropfen Zuckerwasser als Belohnung[2]. Als der Wissenschaftler, der die Szene beobachtete, den Deckel des Kastens öffnet, fliegt die Sammlerin mit gefüllter Honigblase zu ihrem Bienenstock zurück.

Wie konnte sie wissen, in welcher Abzweigung sich die Belohnung befindet? Sie hat sich für das Motiv entschieden, das mit demjenigen am Eingang des Y-förmigen Labyrinths identisch war. Diese Entscheidung ist das Ergebnis eines Lernprozesses, in dessen Verlauf die Biene die Regel erlernt hat „das, was zum Zuckerwasser hinführt, muss mit dem identisch sein, was sich am Eingang befindet.“ Die Motive bei der Übung waren ihr unbekannt, doch das spielte keine Rolle für sie: Sie wandte die Regel an, die sie gelernt hatte. In einem weiteren Versuch konnte die Biene – ohne zusätzliche Übungseinheiten – die Regel von der visuellen Welt auf die olfaktorische Welt übertragen, indem sie sich für die Abzweigung entschied, die mit dem gleichen Geruch imprägniert war wie der Eingangsbereich.

Bei den Tests zeigten die Bienen, dass sie ein „Objekt“ anhand einer abstrakten Regel auswählen können – unabhängig von seiner Beschaffenheit, Form, Ausrichtung oder seines Geruchs. Sie bewiesen damit ihre – bei Insekten bislang unvermutete – kognitive Fähigkeit, abstrakte Begriffe zu erarbeiten.

Die Welt ordnen

Um uns in der unendlichen Vielfalt der Welt zurechtzufinden, versuchen wir sie zu ordnen: Wir schaffen große Kategorien, um ähnliche Objekte zusammenfassen zu können. So klassifizieren wir beispielsweise einen Spatz und einen Geier als Vögel oder einen Chihuahua und einen Bernhardiner als Hunde – trotz ihrer großen Unterschiede. Auch die Bienen arbeiten mit solchen Kategorisierungen.

Vorige Seite: Im Experiment mit dem Y-Labyrinth hat die Biene die Regel „ist identisch mit“ gelernt. Sie weiß, dass das Motiv, welches mit dem am Eingang zum Labyrinth identisch ist, zu einer Belohnung führt.

Das Gehirn der Biene ist gerade mal so groß wie ein Stecknadelkopf und besitzt nur etwa 960 000 Neuronen. Durch die hochentwickelte Organisation sind diese jedoch in der Lage, Dinge zu erlernen, die man bisher nur höheren Säugetieren zugetraut hat.

1) *Centre de recherche sur la cognition animale, geleitet von Martin Giurfa.*

2) *Dieser Versuchsaufbau, das sogenannte DMTS* (delayed matching to sample)*, wurde weitgehend auch bei Wirbeltieren und sogar Kleinkindern eingesetzt, um ihre Fähigkeit, abstrakte Regeln zu erlernen, zu untersuchen. Im Falle des erwähnten Experiments bestand der Lernprozess daraus, dem Versuchstier ein Objekt – eine sogenannte Probe* (sample) *– zu zeigen, ohne jegliche Belohnung oder „Bestrafung“. Nach einer gewissen Zeit* (delayed) *wurden ihm mehrere Objekte präsentiert, unter denen sich dasjenige befand, das es schon zuvor gesehen hatte. Das Versuchstier muss nun das Objekt auswählen, das mit der Probe übereinstimmt* (matching) *und mit dessen Hilfe es an eine Belohnung gelangt. Durch wiederholtes Üben erlernt das Tier die Regel.*

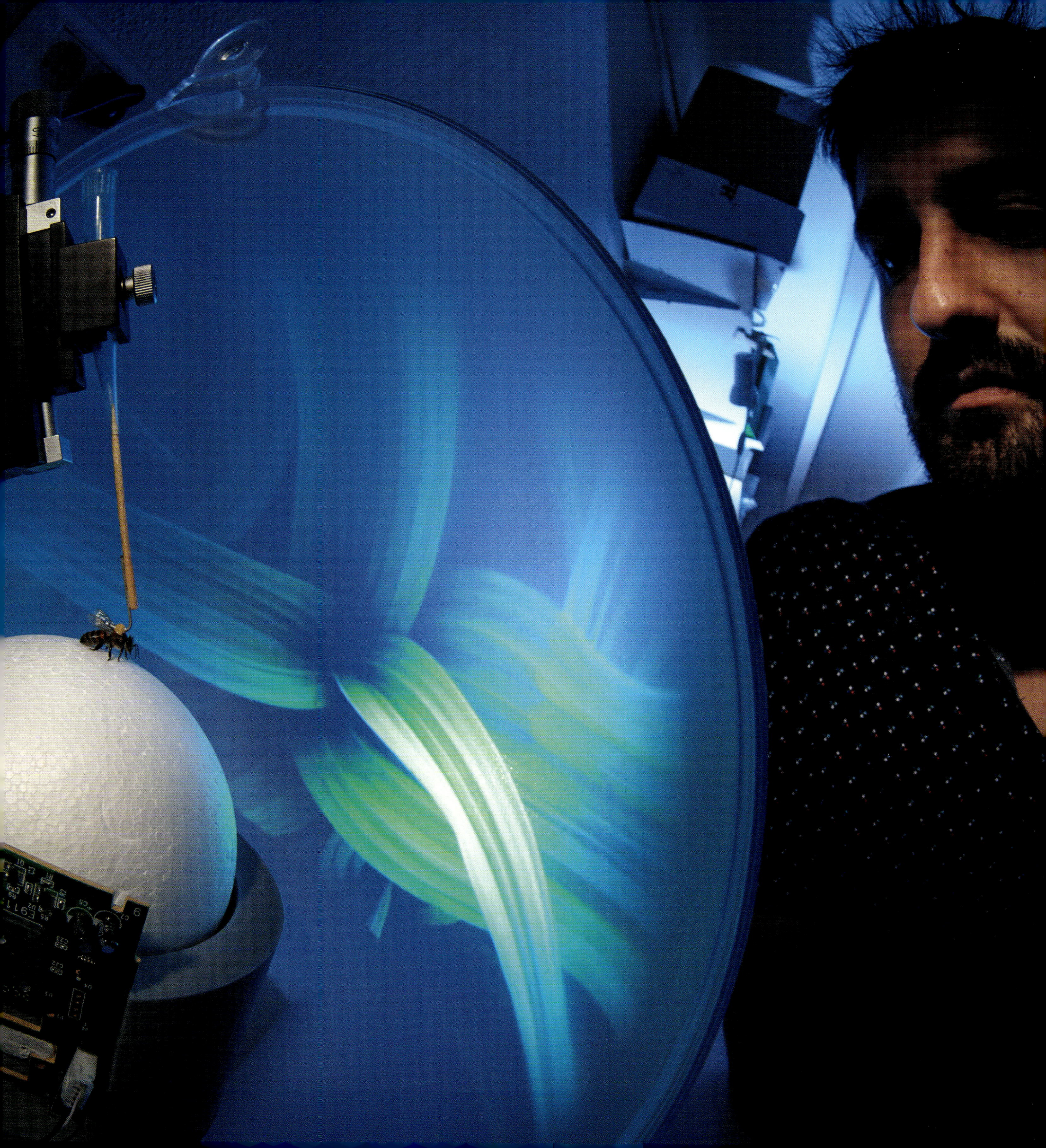

Präsentiert man einer Sammlerin immer wieder unterschiedliche Motive, die alle eine Symmetrie aufweisen und mit einer Belohnung einhergehen, sowie asymmetrische Motive ohne Belohnung, so hat sie sehr schnell begriffen, dass der Schlüssel zur Belohnung die Symmetrie ist. Zielsicher gelingt es ihr, unter vollkommen unbekannten Motiven die symmetrischen Motive auszuwählen. Sie hat in ihr kleines Insektengehirn die Kategorien „symmetrisch" sowie „asymmetrisch" integriert, in welche sie die präsentierten Motive einordnet, wobei sie deren andere Besonderheiten völlig außer Acht lässt. Wahrscheinlich arbeiten die Bienen auf diese Weise auch die Charakteristika der Landschaft heraus: Sie teilen die Umgebung in „Baum", „Feld" oder „Haus" ein und müssen somit nicht das Gesamtbild im Gedächtnis behalten, um den Nachhauseweg zu finden. Eine nützliche Methode, um die im Gedächtnis zu verarbeitende Informationsmenge zu verringern.

Abstrakte Regeln begreifen

Bienen sind also in der Lage, eine Beziehung zwischen zwei verschiedenen Objekten herzustellen – sie erkennen ihre Ähnlichkeit oder ihre Unterschiede. Diese Fähigkeit kann sich auf Größenverhältnisse wie „größer" oder „kleiner" beziehen, auf räumliche Verhältnisse wie „rechts" oder „oberhalb von", auf Zahlenangaben wie „zwei gelbe Sterne sind gleich zwei blaue Punkte" oder „vier grüne Blüten entsprechen vier gelben Dreiecken" ... Bienen können zudem Regeln erlernen, die sich aus einem Kontext ergeben, zum Beispiel „Bei blauer Beleuchtung Antwort A wählen, bei grüner Beleuchtung Antwort B".

Die Sammlerinnen machen die wissenschaftlichen Experimente bereitwillig und fast ohne Ermüdungserscheinungen mit. Wird ihr Scharfsinn mit einer Zuckerlösung belohnt, legen sie den Weg zwischen Kolonie und Labor hunderte Male zurück. Im Jahr 2012 konfrontierten Martin Giurfa und eine seiner Studentinnen, Aurore Avarguès-Weber, die Bienen mit einer noch komplexeren Aufgabe, die zwei Abstraktionen kombinierte. Die Bienen wurden mit Motivpaaren trainiert, die zwei Verbindungen zeigten: eine räumliche (die beiden Bilder wurden übereinander oder nebeneinander platziert) und eine inhaltliche (die Bilder sind identisch oder unterschiedlich). Die Konstellation, bei der sich die beiden unterschiedlichen Bilder übereinander befanden, wurde belohnt. Die Bienen begriffen, dass sie zwei Regeln gleichzeitig beachten mussten[3]. Diese relationale Auffassung ist komplexer und aufwendiger als die Kategorisierung. Letztere beruht auf Informationen, die über die Sinnesorgane ermittelt werden: Wir erkennen mithilfe unseres Sehvermögens, dass ein Bild symmetrisch ist. Dagegen erfordert die relationale Auffassung, abstrakte Regeln abzuleiten – unabhängig davon, was die Sinnesorgane wahrnehmen. Die Regel „übereinander" kann sich somit auf Objekte beziehen, die äußerst unterschiedlich aussehen.

Ein winziges Gehirn

Während das menschliche Gehirn rund 100 Milliarden Neuronen besitzt, sind es etwa 960 000 Neuronen bei den Bienen. Außerdem vereinfacht unsere gesprochene Sprache uns den Zugang zur Abstraktion. Das einzige Hilfsmittel der Bienen bei der Lösung von abstrakten Aufgaben ist jedoch ein winziges Gehirn von der Größe eines Stecknadelkopfs mit einem Gewicht von knapp 1 mg. Trotz aller Unterschiede zeigt die hochentwickelte Organisation des Bienengehirns bemerkenswerte Parallelen zu mehreren Regionen unseres Gehirns – präfrontaler Assoziationskortex, Hippocampus und Kleinhirn –, die bei kognitiven Verarbeitungen auf hohem Niveau zum Einsatz kommen.

Bei den Bienen spielen die Pilzkörper eine zentrale Rolle bei der kognitiven Wahrnehmung. Sie bestehen aus 350 000 Neuronen, nehmen rund 30 % des gesamten Gehirnvolumens ein und wachsen mit zunehmendem Alter. Pilzkörper sind auch bei anderen Insekten vorhanden, bei den Bienen weisen sie jedoch zwei große Besonderheiten auf. Während beispielsweise eine Drosophila-Mücke zwei einfache Pilzkörper – einen in jeder Gehirnhälfte – aufweist, vereinen sich bei den Bienen die Pilzkörper an der Basis und bilden so eine einzigartige Doppelstruktur. Die Pilzkörper der Bienen erhalten darüber hinaus multiple sensorische Informationen, während sie bei anderen Insekten auf den Empfang einer einzigen Informationsart spezialisiert sind. Multiple sensorische Inputs – olfaktorische, visuelle, gustatorische, mechanosensorische – für einen einzigen Output machen den großen Unterschied aus. Durch diese Bündelung von Informationen, die von unterschiedlichen Sinnesorganen eingehen, stellen die Pilzkörper der Bienen echte Schnittstellen im Gehirn dar. So lassen sich abstrakte, aus Bildern gelernte Verbindungen („identisch mit", „oberhalb von" ...) spontan umsetzen.

Vorige Seite: Wenn eine Sammlerin durch einen mit zahlreichen Motiven ausgestatteten Tunnel von der Nektarquelle zur Kolonie fliegt, trickst man ihren optischen Kilometerzähler aus. Dadurch wurde zweierlei bewiesen: Der Kilometerzähler reagiert auf das Landschaftsbild (und nicht auf die Flugdauer oder den Energieverbrauch) und die Tanzdauer der Sammlerinnen hängt mit der Entfernung zwischen Bienenstock und Blüten zusammen.

Da sich die Biene bei der Messung ihrer Gehirnaktivität nicht bewegen darf, müssen die Tests auf das Einfachste reduziert werden. In dieser neuen Vorrichtung setzt die am Thorax fixierte Biene durch ihr Vorwärtskrabbeln eine Kugel in Gang. Die Kugelbewegungen beleben wiederum ein visuelles Panorama. Der Versuch wird von Alexis Buatois, einem Doktoranden an der CNRS in Toulouse, beobachtet.

3) Pahl, M., Tautz, J., Zhang, S. (2010): Honeybee cognition. *In: Animal Behaviour: Evolution and mechanisms (edit. Kappeler, P.), Springer, Heidelberg, Kapitel 4.*

HOBOS

Drei Gedächtnisse für Blüten

Die erfolgreiche Sammeltätigkeit der Arbeiterinnen erfolgt nicht instinktiv. Die vielseitige Welt, in der sie sich bewegen, erfordert Lern- und Erinnerungsvermögen. Nur so gelingt es den Bienen, den Weg vom Bienenstock zu den ergiebigen Blütenpflanzen zu finden sowie die Formen, Farben und Düfte der pollen- bzw. nektarreichen Blüten richtig einzuordnen.

Bei den Honigbienen konnten Wissenschaftler drei verschiedene Gedächtnisarten identifizieren. Ein Kurzzeitgedächtnis, ein Langzeitgedächtnis und ein mittelfristiges Gedächtnis begleiten die einzelnen Phasen der Sammeltätigkeit, deren Effizienz auf der Blütenstetigkeit der Sammlerinnen beruht, die so lange die gleiche Blütenart besuchen, wie diese Pollen bzw. Nektar zu bieten hat. Das Kurzzeitgedächtnis arbeitet beim Wechsel von einer Blüte zur Nachbarblüte der gleichen Art – eine Aktion, die meist nur wenige Sekunden oder Minuten in Anspruch nimmt. Es kommt ebenso zum Einsatz, wenn eine Biene im Innern des Labyrinths das Motiv wiedererkennt, das sie bereits am Eingang gesehen hat. Das mittelfristige Gedächtnis leitet die Sammlerinnen auf ihren längeren Flügen, die mehrere Minuten oder Stunden dauern. Mit dem Langzeitgedächtnis erinnern sie sich einen oder mehrere Tage lang an die gewählte Blütenart. Eine Erinnerungsfähigkeit über mehrere Tage hinweg beruht auf der Synthese von Proteinen, mit deren Hilfe neue Verbindungen zwischen den Neuronen gebildet werden können. So lassen sich Langzeiterinnerungen bis zu zwei Wochen lang abrufen – was im Verhältnis zur kurzen Lebenserwartung einer Sommerbiene sehr lang ist. Das in den Pilzkörpern angesiedelte Langzeitgedächtnis speichert darüber hinaus die abstrakten Regeln, die bei den Übungen erlernt wurden.

Unser menschliches Gehirn kann nach den gleichen Kriterien klassifiziert werden und ist ähnlich aufgebaut. Jede von uns gemachte Erfahrung löst in unseren Neuronen molekulare Prozesse aus. Einige enden sehr schnell und bilden die Kurzzeiterinnerungen. Werden diese reaktiviert, indem sich die Erfahrung wiederholt oder bei besonders intensiven Erlebnissen, verlängern sie sich in Form von molekularen Reaktionskaskaden, die bis zur Proteinsynthese gehen können: Auf diese Weise werden mittel- und langfristige Erinnerungen gebildet.

Wissenschaftler konnten die verschiedenen Moleküle identifizieren, die bei den unterschiedlichen Gedächtnisarten der Bienen zum Einsatz kommen. Nicht nur für die Bienen, auch für die Humanmedizin ist dieses Forschungsgebiet von immenser Bedeutung, denn die Moleküle und die von ihnen ausgelösten Kaskaden sind den unseren sehr ähnlich. Außerdem könnte es dazu beitragen, die Wirkung von Pestiziden auf die Sammlerinnen und ihre Arbeit zu verstehen. Lösen Pestizide das Verschwinden bestimmter Erinnerungen aus? Der wichtigste für die Informationsweiterleitung verantwortliche Neurotransmitter ist das Acetylcholin, das sich auf den nikotinischen und muskarinischen Rezeptoren festsetzt. Neonikotinoide[4] enthalten Moleküle, die denen der nikotinischen Rezeptoren ähneln, sodass die Nervenströme der Bienen – und wahrscheinlich auch unsere – gestört werden. Die Kaskaden sind bekannt, es wäre also möglich, die Wirkung von Pestiziden auf die Molekülketten zu untersuchen, die für die Bildung der Gedächtnisse zuständig sind.

Erkenne dich selbst

Die berühmte Inschrift von Sokrates[5] bezieht sich auf die Metakognition – das Wissen um die eigenen Kenntnisse. Das heißt, Selbsterkenntnis und Selbstbeobachtung sind voraussetzend für Fragestellungen wie zum Beispiel „Was weiß ich über dieses Thema?" Man dachte immer, diese Fähigkeit sei den sehr großen Gehirnen mit einem präfrontalen Cortex vorbehalten. Nun scheinen die Bienen den Beweis erbracht haben, dass dem nicht so ist.

Bei einem kürzlich durchgeführten Experiment lernten die Sammlerinnen, zwischen zwei Motiven zu wählen, die oberhalb und unterhalb einer horizontalen Linie lagen – unabhängig von den Bildinhalten an sich. Für die oberhalb der Linie platzierten Motive gab es eine süße Belohnung, während die Motive unterhalb der Linie mit einer bitteren Lösung assoziiert wurden. Für das Experiment erhielt das Y-Labyrinth einen dritten Ausgang, über den die Bienen den Versuch verlassen konnten. Der Schwierigkeitsgrad wurde schrittweise erhöht, indem die beiden Motive immer näher an die horizontale Linie herangerückt wurden, bis sie schließlich auf gleicher Höhe waren. Je schwieriger die Aufgabe, umso mehr Fehler machten die Bienen und umso häufiger entzogen sie sich der Aufgabenstellung über den dritten Ausgang. Wussten sie, dass sie es nicht wussten? Fast scheint es so.

4) Vgl. Kapitel „Bienen und Menschen", Seite 143.
5) Die Inschrift befindet sich auf dem Giebel des Apollon-Tempels in Delphi und lautet: „Erkenne dich selbst, überlass die Welt den Göttern". Sokrates hat davon nur den ersten Teil beibehalten.

Hartmut Vierle betrachtet bei Smart HOBOS – einem Verbundprojekt der Universität Würzburg und der AUDI Stiftung für Umwelt GmbH – mit einem Restlichtsichtgerät das Leben der Bienenkolonie.

Zwei Sammlerinnen wurden mit RFID-Chips ausgestattet. Jeder ihrer Ausflüge wird von einem Scanner am Eingang zum Bienenstock aufgezeichnet. Mithilfe dieser Technologie ist ein individuelles Tracking der Bienen möglich.

Im CNRS in Toulouse befindet sich eine Sammlerin vor einer „Duftkanone". Bei der Zerstäubung eines bestimmten Dufts wird Zuckerlösung auf ihre Antennen gegeben, woraufhin sie ihren Saugrüssel (Proboscis) ausfährt. Im zweiten Schritt genügt bereits Duft, um den Reflex auszulösen. Bei dieser Versuchsanordnung werden unter anderem die Lernzeit und die Dauer des olfaktorischen Gedächtnisses bestimmt. Wie wir Menschen besitzen die Bienen ein Kurzzeit-, ein Langzeit- und ein mittelfristiges Gedächtnis.

Honigbienen lernen unglaublich schnell, obwohl ihr Gehirn nur die Größe eines Stecknadelkopfs aufweist. Für die Testreihe wurde die Sammelbiene in einem Fixierröhrchen bewegungsunfähig gemacht.

Auf einer mit einem Netz begrenzten Versuchsfläche hält Lucie Hotier ein Rähmchen mit markierten Bienen in den Händen. Lucie ist die verantwortliche Imkerin des Centre de recherche sur la cognition animale des CNRS in Toulouse. Die Bienenstöcke sind auf einer Obstbaumwiese auf dem Campus der Universität Paul-Sabatier aufgestellt.

Eine unerschöpfliche Quelle

Bienen lernen verblüffend schnell: Nur 0,5 – 2 Stunden und rund 30 Versuche sind notwendig, bis sich eine abstrakte Regel dauerhaft in ihr Gedächtnis eingeprägt hat. Seit den 2000er-Jahren weiß man, dass Bienen mit ihrem winzig kleinen Gehirn durchaus zu Leistungen fähig sind, die man bisher nur den Primaten und Menschen zugeschrieben hatte. „Bis zu welchem Punkt ist das, was wir für durchdacht halten, auch wirklich durchdacht?“ Diese Frage stellt sich Martin Giurfa, der – in Anlehnung an Karl von Frisch – das Wissen der Bienen mit einer unerschöpflichen Quelle vergleicht: „Sie sind wie ein Zauberbrunnen, der niemals versiegt. Je mehr Wasser man aus ihm entnimmt, umso mehr ist vorhanden. Bienen begeistern mich nicht nur um ihrer selbst willen, sondern weil sie meine Sicht auf mich selbst und unser Verhältnis zu den Tieren, einschließlich den Insekten, infrage stellen. Das ist das Faszinierende an ihnen.“

WENN BIENEN BLÜTEN IM TANZ ANZEIGEN

Sobald eine Sammlerin nektarreiche Blüten entdeckt, vergehen nur einige Minuten – im Höchstfall eine halbe Stunde –, bis immer mehr Bienen diese Blüten aufsuchen. Ein Wetteifern, das nichts dem Zufall überlässt. Nach unseren Kenntnissen sind Bienen die einzigen Tiere, die sich untereinander über die symbolische Sprache des Tanzes verständigen. Nektarsammlerinnen nutzen täglich die Tanzkommunikation, um sich gegenseitig Neuigkeiten über Blüten mitzuteilen, und in der Zeit des Schwärmens informieren sich Kundschafterinnen auf diese Weise über ihre Entdeckungen bei der lebenswichtigen Suche nach einem neuen Zuhause.

Kehrt eine Sammelbiene zur Kolonie zurück, begibt sie sich zielstrebig zu einer der senkrecht hängenden Waben und beginnt, eine Reihe von Kreisen zu tanzen – zuerst in der einen, dann in der anderen Richtung. Um sie herum herrscht große Aufregung. „Die Bienen, die der Tänzerin zunächst sitzen, trippeln hinter ihr drein und suchen durch die vorgestreckten Fühler mit ihrem Hinterleib Verbindung zu halten, (…) so daß die Tänzerin (…) stets gleichsam ein Schwanzbüschel von anderen Bienen hinter sich herführt“, schrieb Karl von Frisch[6], der als Erster den Rundtanz im Jahr 1919 beobachtete und ihn mit der Rekrutierung von Sammlerinnen in Verbindung brachte, ohne seinen Sinn zu erkennen. Erst 25 Jahre später lernte er – dank seiner minuziösen Beobachtungen – die Bienentänze besser zu verstehen.

Mit dem Rundtanz wird signalisiert, dass Nektar in unmittelbarer Nähe der Kolonie entdeckt wurde – in einer Entfernung von höchstens 50 – 100 m. Es handelt sich hierbei um keine hochentwickelte Sprache. Vielmehr liefert der Blütengeruch, den die Tänzerin an sich trägt, den Schwesterbienen den Hinweis auf die Lage der Nektarquelle: Die Suche erfolgt in immer weiteren Flügen um das Nest herum. Diese Vorgehensweise wäre für weiter entfernte Nektarquellen ineffizient. In diesem Fall kommuniziert die Sammelbiene über den Schwänzeltanz, der ebenfalls von Karl von Frisch beobachtet und interpretiert wurde.

Die verschlüsselte Botschaft des Schwänzeltanzes

Ein Pinsel, ein mit einer Glasscheibe versehener Bienenstock, ein Winkelmesser, ein Zeitmesser und unendlich viel Geduld: Das stand von Frisch zur Verfügung, als er im Sommer 1945 die Symbolsprache des Bienentanzes entschlüsselte. Seitdem haben mehr als zwei Forschergenerationen mannigfache Feinheiten des Schwänzeltanzes erfasst, wodurch neue Fragen aufgekommen sind. Weltweit wurden zahlreiche Hypothesen aufgestellt, ergänzt, infrage gestellt oder widerlegt.

Karl von Frisch entdeckte die beiden wesentlichen Informationen, die beim Schwänzeltanz übermittelt werden: eine Richtungs- und eine Entfernungsangabe als erster Hinweis auf die Lage des Ziels. Der Tanz folgt der Form einer „8“ mit einer ausgeprägten Mittelachse. Entlang der Mittelachse schwänzelt die Tänzerin mit dem Hinterleib, zusätzlich vibrieren ihre Flugmuskeln[7]. Daraufhin beschreibt sie schnell einen Halbkreis, um sofort zum Ausgangspunkt zurückzukehren. Von dort aus schwänzelt sie erneut in dieselbe Richtung wie beim ersten Mal, bevor sie einen Halbkreis zur anderen Seite hin beschreibt. Mit einem Winkelmesser fand von Frisch heraus, dass eine Sammlerin immer annähernd im selben Winkel zur Senkrechten der Wabe, auf der sie tanzt, schwänzelt. Und dass ein Mittelwert aller getanzten Winkel demjenigen entspricht, der – übertragen auf die Sonnenachse – zur Nektarquelle weist.

Eine Arbeiterin bietet einer ihrer Schwestern einen Tropfen Nektar an. Wenn eine Biene einen solchen Nahrungsaustausch (Trophallaxis) wünscht, platziert sie ihre Antennen zwischen den Mundwerkzeugen ihrer Gefährtin und streckt ihre Zunge heraus. Die Sammlerin reagiert darauf, indem sie etwas Nektar herauswürgt: Weitere Bewegungen mit den Antennen signalisieren das Ende des Austauschs.

6) *Frisch, Karl von (1941):* Aus dem Leben der Bienen. *Springer, Berlin, Seite 96. Die Arbeiten von Karl von Frisch über die soziale Kommunikation der Bienen wurden 1973 mit dem Nobelpreis für Physiologie oder Medizin ausgezeichnet.*

7) *Wie bei der Erzeugung von Wärme entkoppeln die Bienen ihre Flügel, der Flugmotor läuft ohne Flügelbewegung. Vgl. Kapitel „Superorganismus“, Seite 37.*

Das Ausgangsmodell

Der Schwänzeltanz wurde von Karl von Frisch erforscht, der als Erster die darin enthaltenen zwei Schlüsselprinzipien erkannte: Die Dauer der Schwänzelphase gibt Aufschluss über die Entfernung zwischen Bienenstock und Nahrungsquelle. Seine Ausrichtung im Verhältnis zur Senkrechten der Wabe (45° auf der Abbildung) entspricht dem Winkel zwischen der Sonnenachse und der Richtung, in der sich die Nahrung befindet.

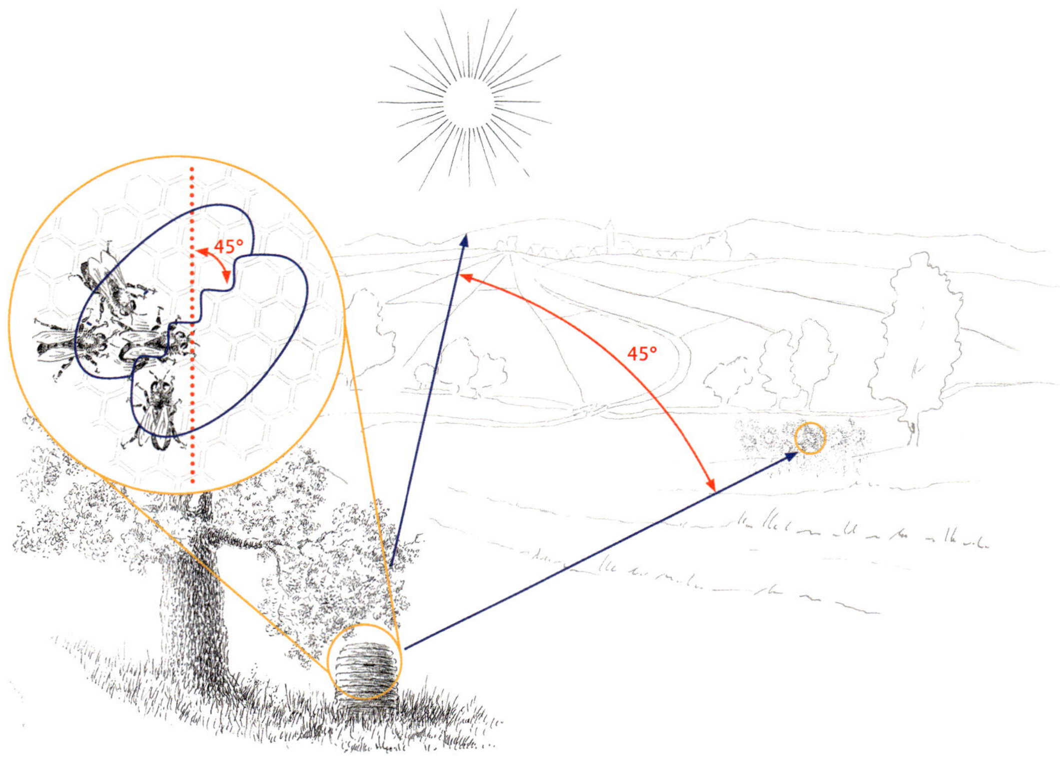

Das vervollständigte Modell

Dank moderner Technologien konnten die Beobachtungen von Karl von Frisch vervollständigt werden. In der Abbildung zeigt die orange gefärbte Fläche den Bereich, den die erfahrene Sammlerin (1) den Neulingen (2) mit den ungenauen Tanzbewegungen mitteilt. Die im Tanz enthaltenen Hinweise sind demnach nicht präzise genug, um allein durch diese Information das Ziel zu finden (siehe Ausgangsmodell). Um zielsicher zur Nektarquelle zu gelangen, ist eine ganze Kommunikationskette entscheidend, in deren Verlauf die Hinweise aus dem Tanz konkretisiert werden: Die Tänzerinnen, die den Blütenduft an sich tragen, bieten den Nachtänzerinnen Kostproben des Nektars an. Im Feld helfen erfahrene Sammlerinnen den Neulingen (2), indem sie zwischen Stock und Ziel hin- und herfliegen (1). Rund um das Ziel führen die erfahrenen Bienen zudem akustisch und optisch auffällige Brauseflüge (1) durch und markieren die Nektarquelle mit körpereigenem Duft. Welche Interaktionen zwischen erfahrenen und unerfahrenen Bienen auf dem Flug vom Bienenstock zum Futterplatz stattfinden, werden wir erst wissen, wenn es gelingt, die Bienen dabei zu beobachten.

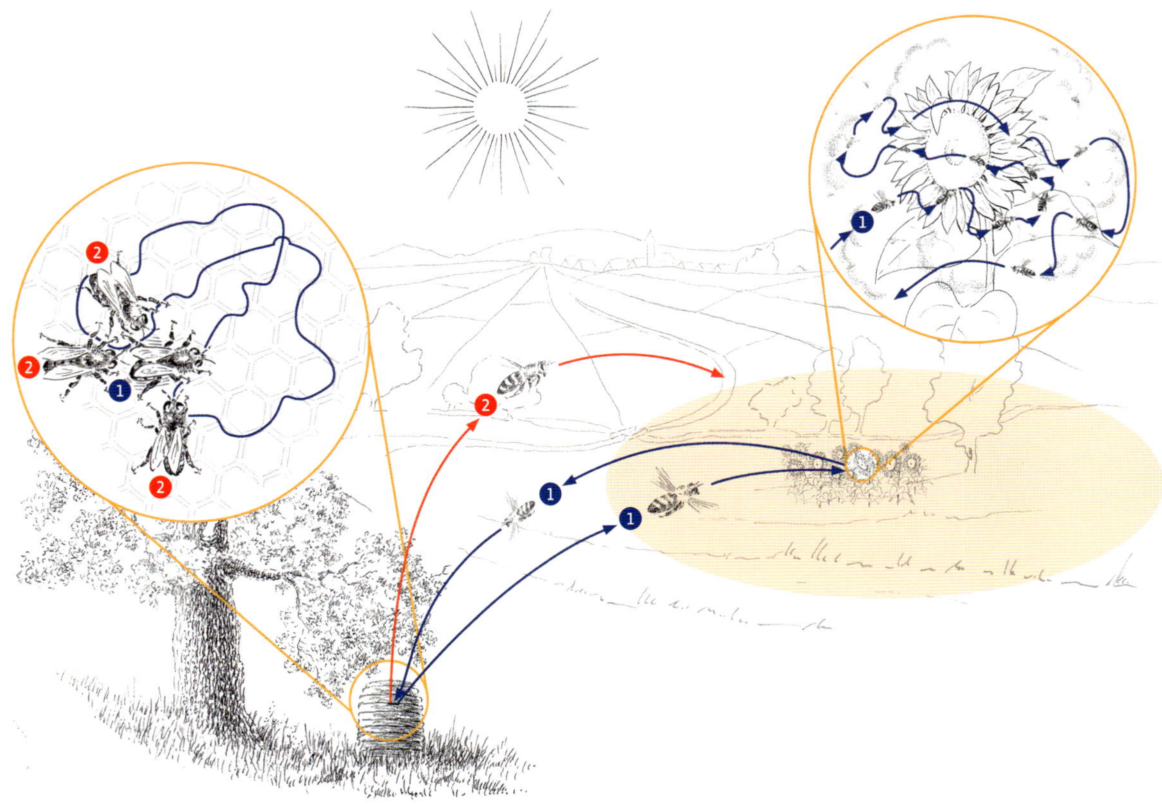

Der trügerische Tunnel

Im Gegensatz zum Rundtanz signalisiert der Schwänzeltanz, dass sich die Nahrungsquelle mehr als 100 m vom Nest entfernt befindet. Bei seinen Experimenten stellte Karl von Frisch außerdem einen Zusammenhang zwischen der Entfernung zur Nahrungsquelle und der Geschwindigkeit der Tanzrunden fest.

Entgegen von Frischs Vermutung, der innere Kilometerzähler der Bienen könnte mit dem Energieverbrauch beim Sammelflug zusammenhängen, erkannte der deutsche Zoologe Harald Esch die Bedeutung des optischen Flusses für die Entfernungsmessung durch die Bienen. Der optische Fluss beschreibt die auf der Augenoberfläche vorbeiziehenden Bilder, aus denen sich eine Landschaft zusammensetzt. Die Dauer der Schwänzelphase hängt demnach von der Beschaffenheit der Landschaft ab, über die die Sammlerin geflogen ist: So resultiert beispielsweise eine baumlose Steppenlandschaft in einem kürzeren Tanz als eine Stadtlandschaft. Um diesen Zusammenhang zu beweisen, griff ein US-amerikanisch-australisch-deutsches Forscherteam zu einer List, dem sogenannten trügerischen Tunnel[8]. Die Bienen wurden so trainiert, dass sie von der Kolonie zur Nahrungsquelle durch einen engen Tunnel mit kontrastreichen Motiven an den Wänden flogen. Ihre Augen registrierten dabei eine besonders rasche Aufeinanderfolge von Bildern – der optische Fluss war viel intensiver, als wenn sie die echte Landschaft überflogen hätten. Im Inneren des Stocks gaben die getäuschten Bienen ihre Hinweise im Tanz an ihre Schwestern weiter. Die Nachtänzerinnen, die sich auf den Weg durch die echte Landschaft machten, trafen daraufhin nicht an der nur 6 m vom Stock entfernten Futterquelle ein. Sie folgten den Fehlinformationen und landeten in etwa 180 m Entfernung – 30-mal weiter als die von der Vortänzerin tatsächlich zurückgelegte Distanz.

Der Aufruf der Tänzerinnen

Jede Vortänzerin zieht bis zu zehn Nachahmerinnen an, die zusammen eine Choreographie erstellen, bei der jede ihrer Bewegungen, jede Position ihrer Beine, jede Krümmung ihres Körpers stereotyp verlaufen. Auf dem nur 10 x 10 cm großen Tanzboden versammeln sich alle Sammlerinnen, die eine Blütenbotschaft zu übermitteln haben und bisweilen herrscht dort ein ganz schönes Gewühl in fast völliger Dunkelheit. Wie können die Nachahmerinnen die Botschaft ihrer Tänzerin von den tausend feinen Vibrationen unterscheiden, die von den Beinen der anderen Tänzerinnen übertragen werden? Eine Tänzerin klammert sich mit ihren winzigen Krallen am Rand einer Wabenzelle fest. Die Schwingungen des Tanzes und die kräftigen Vibrationen ihrer Flugmuskulatur – 230 bis 270 Kontraktionen pro Sekunde – setzen sich bis in die Fußspitzen fort und werden über das Netz aus sechseckigen Zellen weitergeleitet[9]. Das Signal unterscheidet sich von den Geräuschen der anderen Bienen, denn es stellt ein Motiv – ein besonderes Schwingungsbild – dar. Die Bienen lösen dieses Schwingungsbild aus den Umgebungsgeräuschen heraus und lokalisieren es, indem sie die unterschiedlichen Vibrationen, die von den Rezeptoren ihrer sechs Beine wahrgenommen werden, miteinander kombinieren. Sobald eine Nachtänzerin eine Tänzerin in der Nähe wahrgenommen hat, wendet sie ihren Kopf und läuft in ihre Richtung. Sie berührt die Vortänzerin mit ihren Antennen, um dem Tanz gut folgen zu können.

Präziser oder unpräziser Tanz?

Bereits 1957 bestaunte Karl von Frisch die Präzision, mit der unerfahrene Sammlerinnen zur Futterquelle gelotst wurden, obwohl der Tanz ungenaue Entfernungsangaben lieferte und – wie wir heute ergänzend hinzufügen können – auch ungenaue Angaben über die Richtung. Der argentinische Biologe Rodrigo de Marco[10] analysierte über 1 300 Tänze von mehr als 20 Tänzerinnen, die alle von derselben Nahrungsquelle in 215 m Entfernung zurückkehrten. Nur bei 15 % aller Tänze wurde das Zielobjekt – anhand von Hinweisen auf den durchschnittlichen Winkel und die Tanzdauer – in einem Radius von 50 m um seinen wirklichen Standort verortet. 90 % der Tänze lieferten Angaben zu unterschiedlichen Standorten innerhalb eines 150-m-Radius. Das bedeutet eine Variable von 300 m – mehr als die Entfernung zwischen Nahrungsquelle und Bienenstock.

Der Berliner Mathematiker und Informatikexperte Tim Landgraf entwickelte ein Computerprogramm zur Analyse von Videoaufnahmen, mit dem man ganz präzise die Bewegungen der Tänzerinnen darstellen kann. Die sichtbar gemachten Tanzverläufe fielen noch viel unregelmäßiger aus, als bisher angenommen. Die von Rodrigo de Marco festgestellten Ungenauigkeiten lassen sich somit durch die Unregelmäßigkeiten beim Tanz erklären. Und dennoch funktioniert die Rekrutierung bestens ...

8) Dieser Tunnel, der anfangs von den Professoren Mandayam Srinivasan und Shao Wu Zhang an der Universität Canberra eingesetzt wurde, kam im Rahmen der Studie über den Schwänzeltanz erneut zum Einsatz. Die darauf folgende Publikation bestätigte die Entdeckung von Harald Esch (Tautz, Jürgen et al. (2004): Honeybee Odometry: Performance in Varying Natural Terrain. *PLoS Biol. 2 (7), doi: 10.1371/journal.pbio.0020211).*

9) Vgl. Kapitel „Die Architektur des Nests", Seite 191.

10) Student des berühmten Bienenexperten Josué Nùnez und Mitarbeiter in der Gruppe von Rudolf Menzel in Berlin.

Zweigleisiges Lernen über Tänze und Düfte

Zwei weitere Hinweise werden beim Tanzen vermittelt: der Duft der Tänzerin und der Nektar, den sie ihren Nachahmerinnen zum Probieren gibt. Der Körper einer Vortänzerin trägt den Blütenduft der entdeckten Futterquelle. Vor und während des Schwänzeltanzes bietet sie den versammelten Nachtänzerinnen, die sie mit ihren Antennen – dem Sitz ihrer olfaktorischen Rezeptoren – berühren, kleine Tröpfchen Nektar an. Sie bringt ihren Schwestern die Verbindung zwischen der erhaltenen Belohnung und dem ihr anhaftenden Blütenduft – der ebenfalls im dargebotenen Nektar vorhanden ist – bei und erleichtert damit den sozialen Lernvorgang. Die Tanzinformationen werden also um zusätzliche Hinweise ergänzt: „Beim nächsten Ausflug musst du danach suchen, was diesen Duft an sich hat, dann erhältst du als Belohnung das, was ich dir angeboten habe."

Diese Hinweise sind für die rekrutierten Sammlerinnen zwar sehr wertvoll, doch sie präzisieren nicht, was der Tanz über den Standort der Blüte aussagt. Ein anderes Verhalten, das sich außerhalb des Bienenstocks zuträgt, leitet die Neulinge unter den Sammlerinnen zur Futterquelle.

Die Brauseflüge

Die unerfahrene Sammlerin war noch nie zuvor am Sammelplatz. Vom Bienenstock aus startet sie – mit aufmerksamen Sinnen – in den im Tanz vermittelten Richtungsfächer. Sie weiß nur ungefähr, wohin sie fliegen soll. In der Nähe des Sammelplatzes wird ihr Flug unregelmäßiger mit häufigen Richtungswechseln, typisch für einen Suchflug bei Insekten. Mithilfe ihrer Augen, die jede Bewegung registrieren, wird sie auf den langsam kreisenden Flug einer Biene aufmerksam, während sie über ihre Antennen einen auffälligen Duft wahrnimmt. Ihre Vortänzerin hat ebenfalls den Stock verlassen und zieht nun ausladende Schleifen um die Nektartracht herum. Sie fliegt dabei sehr geräuschvoll und versprüht mit geöffneter Duftdrüse, auch Nasanovdrüse genannt, rund um den Sammelplatz einen charakteristischen Duft. Dieses Nasanovpheromon besteht aus sieben leicht flüchtigen Komponenten, wovon die wichtigste das stark duftende Geraniol ist. Das Pheromon kommt ebenfalls beim Schwärmen zum Einsatz oder um den rekrutierten Sammelbienen den Rückweg zum Bienenstock anzuzeigen. Manchmal kann man Bienen auch auf dem Flugbrett beobachten, wie sie mit geöffneter Duftdrüse, himmelwärts gerichtetem Hinterleib und „im Leerlauf" schlagenden Flügeln Duftmarken setzen: Sie fordern ihre Schwestern auf, sich zu versammeln.

Wir wissen bis heute nicht genau, was sich zwischen Bienenstock und Blüten abspielt. Aus dem Verhalten der ortskundigen Bienen können wir jedoch schließen, dass sie ihre Neulingsschwestern führen – zumindest auf dem letzten Wegabschnitt zum Ziel. Brauseflüge wurden erstmals 1788 von dem deutschen Ökonom, Theologe und Bienenzüchter Johann Ernst Spitzner beobachtet. In der Folgezeit wurden sie von Karl von Frisch beschrieben, der die Bedeutung der Nasanovdrüse bei der Rekrutierung aufzeigte. Bei einer Gruppe Bienen bestrich er den äußersten Teil des Hinterleibs mit Schelllack, damit sie ihr Pheromon nicht mehr verteilen, jedoch nach wie vor sammeln bzw. tanzen konnten. Eine zweite Gruppe Bienen wurde nicht manipuliert. Von Frisch machte folgende Beobachtung: „Beide Gruppen tanzen mit großer Begeisterung. Die Gruppe jedoch, die keinen Duft mehr absondern kann (...), erhält nur ein Zehntel der Verstärkung verglichen mit der anderen Gruppe."[11]

Die erfahrenen Sammelbienen schaffen darüber hinaus zwischen Bienenstock und Blüten richtiggehende „Luftkorridore" – sie steigern ihre Hin- und Rückflüge um ein Vielfaches mit immer mehr Rekrutinnen im Schlepptau. So kann man Gruppen aus sogar über zehn Honigbienen beobachten, die in Formation an den Blüten eintreffen.

Die Kommunikation unter den Bienen ist immer die gleiche – egal, ob bei der Nektarsuche oder während des Schwärmens, wenn die Hälfte der Kolonie mit der Königin das alte Zuhause verlässt. Man kann die Rekrutierung zu einer Futterstelle als Mini-Schwarmverhalten auffassen. Bei der Suche nach einer neuen Wohnstätte nutzen die Kundschafterinnen ebenso den Tanz, die olfaktorische Kommunikation sowie die Brauseflüge.

11) *Frisch, Karl von (1955):* Vie et moeurs des abeilles. *Sciences d'aujourd'hui. Albin Michel, Paris, Seite 167.*

Blütenstandorte in mehreren Sprachen

Weitere Experimente bestätigten die von Karl von Frisch gemachten Beobachtungen hinsichtlich einer Verbindung zwischen Tanz und Brauseflug. Dafür wurden zehn markierte Sammelbienen darauf trainiert, eine Nahrungsquelle in 300 m Entfernung aufzusuchen. Jede von ihnen flog 20-mal zum Sammeln. Bei etwa 80 % der 200 Flüge zeigten die Sammlerinnen beides: Tanzkommunikation und Brauseflug. Bei ungefähr 8 % war nur der Tanz, bei rund 6 % nur der Brauseflug zu beobachten und bei etwa 5 % fand weder Tanz noch Brauseflug statt. Dauer und Häufigkeit der Brauseflüge hingen außerdem mit der Anzahl von Bienen zusammen, die sich bei der Nahrungsquelle aufhielten – eine Beobachtung, die bereits Thomas Seeley und seine Studenten machten.

In manchen Fällen unterbricht eine rekrutierte Sammlerin ihre Vortänzerin – zum Beispiel, wenn die Nahrungsquelle am Versiegen ist oder sich bereits zu viele Bienen auf den Weg dorthin machen oder auf dem Rückweg zum Bienenstock Gefahr droht. Bisweilen muss die Rekrutin ihr Stoppsignal – ein kurzer Ton von rund 380 Hertz[12] begleitet von einem Kopfstoß – an die zehnmal wiederholen, bevor die Vortänzerin bereit ist aufzuhören.

Pheromone – duftende Informationsträger

Pheromone als Botenstoffe zur Verständigung nutzen vor allem Staaten bildenden Insekten – diese chemische Kommunikation ist eine der ältesten Möglichkeiten der Informationsübertragung. Die unsichtbaren Botschaften werden über Moleküle weitergetragen und unter Artgenossen der gleichen Spezies ausgetauscht. Meistens handelt es sich um Gerüche, die die Bienen über ihre Geruchssensoren an den Antennen wahrnehmen. Düfte sind bei jeder Interaktion eines Bienenvolks präsent. Sie stellen eine hochentwickelte und äußerst effiziente Kommunikationsweise für die Kolonie dar, da Informationen schnellstmöglich rund 50 000 Individuen zur Verfügung stehen.

Wir haben die regulierende Wirkungsweise des Königinnenpheromons[13] kennengelernt und die Abwehrpheromone, die eine Nektarknappheit[14] oder eine Gefahr auf einer Blüte signalisieren. Das Alarmpheromon spielt eine wichtige Rolle bei der Verteidigung der Kolonie. Es wird verteilt, sobald eine Biene sticht oder wenn eine Wächterin bei drohender Gefahr ihren Stachel ausfährt und mit den Flügeln schlägt, um alle Arbeiterinnen in Alarmbereitschaft zu versetzen. Laut einer 2015 veröffentlichten Studie[15] schwächen bestimmte Blütendüfte dieses Signal ab und verringern die aggressiven Reaktionen der Bienen, selbst wenn sie das Alarmpheromon wahrgenommen haben. Eine Entdeckung, die bei Imkern mit naturgemäß wehrhaften Bienenvölkern Anwendung finden könnte.

Auch die blinden Larven in ihren Zellen senden in allen Entwicklungsstadien Pheromone aus. Ihre olfaktorischen Botschaften verändern die Expression von hunderten Genen im Gehirn ihrer älteren Schwestern und dadurch auch deren Verhaltensweisen. Das Brutpheromon kann bei den Ammenbienen den Zeitpunkt des Nektarsammelns hinauszögern und gleichzeitig ältere Bienen zum Sammeln anregen. Auf diese Weise sichern sich die Larven mit einer einzigen Botschaft ihre Pflege und Ernährung [16].

Die Vielfältigkeit und Komplexität der duftenden Botenstoffe der Bienen begeistern die Wissenschaftler. Hier gibt es noch viel zu erforschen – nicht zuletzt die Möglichkeit, Pheromone bei Schadinsekten zu deren Bekämpfung einzusetzen, eine umweltschonende Alternative zu Insektiziden ...

12) *Michelsen, A., Kirchner, W. H., Lindauer, M. (1986):* Sound and vibrational signals in the dance language of the honeybee, Apis mellifera. *Behavioral Ecology Sociobiology, Vol. 18 (3), Seite 207 – 212.*

13) *Vgl. Kapitel „Die Königin", Seite 73.*

14) *Vgl. Kapitel „Die Sammlerinnen", Seite 123.*

15) *Morgane Nouvian, M. et al. (2015):* Appetitive floral odours prevent aggression in honeybees. *Nature Communications, 6 (Artikelnummer 10247), doi: 10.1038/ncomms10247.*

16) *Alaux, C., Le Conte, Y. et al. (2009):* Regulation of brain gene expression in honey bees by brood pheromone. *Genes, Brain and Behavior, Vol. 8 (3), Seite 309 – 319, doi: 10.1111/j.1601-183X.2009.00480.x.*

Diese Biene wird keine andere rekrutieren wollen ... Es ist sehr selten, auf einer solchen Rose eine Sammlerin zu erblicken, da die Blüte – trotz ihres Duftes – überhaupt keinen Nektar und nur sehr wenig Pollen produziert.

Manchmal wird eine tanzende Biene von einer ihrer Schwestern unterbrochen, da letztere beispielsweise auf den Blüten, deren Duft die Tänzerin an sich trägt, eine Gefahr entdeckt hat. Die Biene stößt daraufhin einen kurzen Piepton aus und stupst die Tänzerin mehrmals mit dem Kopf an, bis diese ihren Tanz abbricht.

Das Gleichgewicht innerhalb der Kolonie basiert auf mannigfachen Interaktionen zwischen einzelne Bienen. Wenn Arbeiterinnen im Stock sehr zögerlich den gesammelten Pollen einer zurückkehrenden Sammlerin entgegennehmen, weiß die Sammelbiene, dass kein Lagerplatz mehr vorhanden ist und sie schränkt ihre Sammelflüge ein.

Der Körper einer Biene ist ein Wunderwerk der Technik. Je nach Rasse misst ihre Zunge (oder Saugrüssel) zwischen 5,3–7,2 mm. Auf ihren Antennen, die die Biene mit den Putzscharten ihrer Vorderbeine säubert, sitzen 60 000 Geruchsrezeptoren. Mit den 5 500 Facetten ihrer Augen nimmt sie kleinste Bewegungen wahr. Im Flug sind ihre beiden Flügelpaare durch 20 Häkchen verknüpft, um eine stabile Oberfläche zu bilden. Ihre Hinterbeine sind mit einer einzigartigen Vorrichtung zum Sammeln von Pollen und Propolis ausgestattet, die aus einer Art Körbchen, einem Kamm, einem Schieber und einer Bürste besteht. In den Füßen der Bienen sitzen Rezeptoren, von denen die einen empfindlich auf Zucker, die anderen auf Salz reagieren …

Im Mai oder Juni verlässt ein Teil der Kolonie zusammen mit der Königin den Bienenstock. Der Schwarm hat sich auf einem Ast niedergelassen und wartet auf die Rückkehr der Kundschafterinnen, die sich auf die Suche nach einem neuen Nistplatz begeben haben. Die Imkerin wird versuchen, den Bienen einen vorbereiteten Bienenstock als Bleibe anzubieten.

DAS GENIE DER BIENEN

„Ist es nicht bewundernswert, wie diese Bauwerke so voller Gewissheit, ihr Gebrauch, ihre Gesetze, ihre ökonomische und politische Organisation, ihre Vorteile, aber auch ihre Grausamkeiten, uns sofort den Geist oder Gott, dem die Bienen dienen, vor Augen führen, und bei dem es sich nicht um den am wenigsten rechtmäßigen und vernünftigen Gott handelt, den man sich vorstellen kann, auch wenn er vielleicht der Einzige ist, den wir noch nicht ernsthaft angebetet haben, ich meine damit die Zukunft.“

MAURICE MAETERLINCK
Das Leben der Bienen, 1901

DAS GENIE DER BIENEN

WACHSEN UND SICH VERMEHREN

Auf der sonnenbeschienenen Seite des Ouvèze-Tals inspizieren Julien und Romain mit Smokern in der Hand rund 40 Bienenstöcke. Fast überall stellen sie das Gleiche fest: Es herrscht Schwarmstimmung. In den produktiven Bienenstöcken sind die unteren Ränder der Waben mit Königinnenzellen gesäumt. Bald schon werden die Kastanienbäume in voller Blüte stehen – eine gute Voraussetzung zum Schwärmen. Die Imker sehen konzentriert ein Volk nach dem anderen durch, während im Hintergrund ein großartiges Schauspiel bevorsteht. Bienengruppen haben das Flugbrett besetzt, eine kleine Wolke aus Insekten braut sich über dem Bienenstock zusammen. Julien hebt den Kopf – die Bienen schwärmen!

Eine wogende Masse drängt aus dem Flugloch heraus – 500 Arbeiterinnen pro Minute! –, kurz darauf vibriert der Himmel von tausenden Bienen. Die Königin hat sich schnell auf dem Ast eines Kastanienbaums in der Nähe der Mutterkolonie niedergelassen – um sie herum versammeln sich die Arbeiterinnen, bis eine geschlossene Schwarmtraube unter dem Ast hängt. Von hier aus starten die Kundschafterinnen und suchen die Umgebung nach einer neuen geeigneten Bleibe ab. Noch ist für die Imker Zeit, den Schwarm einzufangen.

Vorzeichen für den Schwarmauszug

Der machtvolle Schwarmtrieb des Bienenvolks ist mit dem Fortpflanzungstrieb vergleichbar, den jedes Lebewesens naturgemäß besitzt. Wenn der Imker es zulässt[1], schwärmt ein Bienenvolk bevorzugt im Mai – zu dieser Zeit ist Nektar in Hülle und Fülle vorhanden und der Bienenstock platzt mit 50 000 bis 80 000 Bewohnern quasi aus allen Nähten. Bereits ab dem Ende des Winters bereitet sich die Kolonie auf das Ziel vor, sich fortzupflanzen. Die Eiablage intensiviert sich, die Zellen füllen sich nach und nach mit Honig und Pollen, das Volk wächst rapide an. Im Frühjahr beginnt die Aufzucht der neuen Königinnen. Die amtierende Königin wird stattdessen auf Diät gesetzt und immer spärlicher mit Gelée royale gefüttert, bis sie sich schließlich nur noch Honig bekommt. Durch die erzwungene Hungerkur verkleinern sich ihre Eierstöcke und sie stoppt die Eiablage. Ebenso nimmt die Größe ihres Hinterleibs ab – eine entscheidende Veränderung, da sie mit verkleinertem Hinterleib wieder flugfähig ist. Mithilfe ausgeklügelter Spionagegeräte[2] zeigten sich weitere unmittelbare Vorzeichen. Rund 10 Minuten vor dem Schwarmauszug wird die Sammeltätigkeit praktisch eingestellt. Bienen gruppieren sich am Eingang, sie verharren unbeweglich, während Kundschafterinnen[3] schwache Laute ausstoßen und die Kolonie in alle Richtungen durchlaufen. Sie rempeln ihre Gefährtinnen regelrecht an – auch die Königin wird von ihren Töchtern geschupst, geschoben, gezogen, manchmal sogar durchgeschüttelt, damit sie sich auf den Weg macht[4]. In den letzten 30 Minuten Vorbereitungszeit steigt die Körpertemperatur der Schwarmbienen von 35 °C auf 39 °C an, bevor rund ein Drittel des Volks den Bienenstock verlässt. Mithilfe einer Wärmebildkamera lässt sich festhalten, wie tausende aufgeheizter Bienen aus dem Flugloch drängen.

Im Bienenstock schlüpft kurze Zeit später eine neue Königin, die – nach erfolgreichem Hochzeitsflug – schon bald mit der Eiablage beginnt. Während die Zellen im Inneren des Stocks voller Honig und Pollen sind, müssen sich die geschwärmten Bienen mit den Vorräten in ihrer Honigblase begnügen – Energiereserven, mit denen sie ein paar Tage überleben können. Einen Teil dieser Nahrung brauchen sie, um sich warm zu halten, während die Schwarmtraube unbeweglich am Ast hängt. Der andere Teil wird beim Aufbruch zur neuen Wohnstätte verbrannt sowie beim Errichten der ersten Waben. Die Zeit drängt. Nur ein Viertel der Schwärme überlebt das Abenteuer.[5]

Vorige Seite: Ein Schwarm zieht aus, wenn in der Kolonie eine Zeit des Überflusses herrscht. Die Vorratslager sind voll, Brut ist zahlreich vorhanden und in frisch gebauten Königinnenzellen wachsen neuen Königinnen heran.

Der Auszug eines Schwarms ist ein unvergessliches Schauspiel, bei dem sich der Himmel mit Bienen füllt, die in großen, dunklen Wolken aus dem Bienenstock strömen. In den meisten Fällen gelingt es dem Imker, den Schwarm einzufangen und ihn in einen leeren Bienenstock einzulogieren.

1) *Die meisten Imker unterdrücken den für die Bienen so bedeutsamen Schwarmtrieb. Sie verhindern das Schwärmen um jeden Preis, da sie sowohl vom geschwärmten Volk als auch vom zurückgebliebenen Restvolk keinen Honig mehr ernten können – außerdem gelingt es dem Imker nicht immer, den Bienenschwarm einzufangen.*

2) *Vgl. Projekt Hobos, www.hobos.de.*

3) *Vgl. Kapitel „Die Sammlerinnen", Seite 127.*

4) *Seeley, Thomas D. (2010):* Honeybee democracy. *Princeton University Press, Princeton. Seite 37.*

5) *Seeley, Thomas D. (2010):* Honeybee democracy. *Princeton University Press, Princeton. Seite 35.*

Die Demokratie der Bienen[6]

Ungefähr 300 bis 500 Kundschafterinnen widmen sich der lebenswichtigen Suche nach einer geeigneten neuen Wohnstätte – naturgemäß in Form eines hohlen Baumstamms. Sind sie fündig geworden, kehren sie zur Schwarmtraube zurück und berichten von ihren Entdeckungen, indem sie auf der Schwarmoberfläche tanzen. Weitere Kundschafterin fliegen aus, um den von ihrer Schwester im Tanz beschriebenen Ort von innen und außen zu inspizieren: Wenn er ihnen geeignet erscheint, bewerben sie ihn ihrerseits noch einmal. Bis zu 25 Nistmöglichkeiten können Gegenstand der Tänze sein, bis sich die Auswahl auf zwei oder drei Orte reduziert hat. Bei ungeeigneten Orten hören die Kundschafterinnen bzw. die Nachahmerinnen auf zu tanzen. Je besser die neue Wohnstätte, desto energischer und länger tanzt die Kundschafterin und desto höher ist die Anzahl der Nachahmerinnen. Manche liefern sich einen lebhaften Wettstreit, der jedoch nicht länger als zwei bis drei Tage gehen sollte, sonst würden die Honigreserven zuneige gehen und die Kolonie wäre dem Untergang geweiht.

Das Ergebnis wird kollektiv entschieden, was Thomas Seeley mit einem echten demokratischen Vorgang gleichgesetzt hat. Jede Kundschafterin kann ihre „Meinung" über einen Ort kundtun, einen neuen vorschlagen oder eine Tänzerin unterbrechen, wie es die Sammlerinnen[7] im Inneren des Nests tun. Alle kennen instinktiv die Kriterien für eine geeignete Bleibe. Wenn sich eine bestimmte Anzahl von Bienen für dieselbe Höhle entschieden hat, tanzen alle Kundschafterinnen nur noch für diesen Wohnort – die Debatte wurde quasi durch einen Volksentscheid beendet.

Der Schwarm bricht auf

Sobald die Wahl getroffen wurde, muss der Umzug ins neue Zuhause möglichst schnell gehen. Jeder Zeitverlust bedeutet unnütze Gefahr – vielleicht eine weitere Nacht, die der Schwarm schutzlos im Freien verbringen muss. Rund 1,5 Stunden vor dem Aufbruch fliegen die Kundschafterinnen unaufhörlich von der Kolonie zum neuen Standort, um den sie weite Kreise beschreiben und das Versammlungspheromon zerstäuben. Zurück auf der Schwarmtraube laufen sie über die unbewegliche Bienenmasse, bleiben immer wieder stehen, drücken ihren Brustkorb gegen andere Bienen und geben dabei einen hohen „Piepton" von sich. Bienen sind gehörlos, doch sobald sie diesen Piepton als Vibrationen über ihre Beine wahrnehmen, betätigen sie ihre Flügelmuskeln, um ihren Brustkorb zu erwärmen. In der letzten halben Stunde fängt der Schwarm zunehmend an zu dröhnen. Die Kundschafterinnen sind inzwischen ins Innere der Traube vorgedrungen und „piepen" auch dort ihre Schwestern an, die sich daraufhin aufwärmen. Alle Bienen müssen ihre Körpertemperatur auf mindestens 35 °C aufheizen, um davonfliegen zu können[8].

Ganz plötzlich erheben sich die vielen tausend Bienen der Traube gemeinsam in die Luft. Sie formen eine riesige zigarrenförmige Wolke am Himmel. Doch wie lassen sich 10 000 – 20 000 Bienen zu einem Ziel lotsen, das die allermeisten nicht kennen und das mehrere Kilometer weit entfernt sein kann? Ein weiteres Mal sind es die Kundschafterinnen, die kontinuierlich innerhalb der Wolke mit erhöhter Geschwindigkeit vorfliegen, sich zurückfallen lassen und erneut vorfliegen, um ihre Schwestern in die richtige Richtung zu dirigieren. Bereits vorher haben sie das Ziel mit Geraniol markiert, es kommen wieder die gleichen Verhaltensbausteine zum Einsatz wie bei der Rekrutierung neuer Sammelbienen.

Vorige Seite: Der Schwarm hat sich am Ast eines Baums niedergelassen. Rund 500 Kundschafterinnen sind ausgeflogen, um die Umgebung zu erforschen und einen Ort zu finden, der als Wohnstätte für die Kolonie geeignet ist.

Bevor der Schwarm eine neue Wohnstätte bezieht, wird unter mehreren Nistplatzvorschlägen der am besten geeignete ermittelt. Diese Entscheidung ist überlebenswichtig für das Volk, sie wird demokratisch gefällt. Alle Arbeiterinnen kennen instinktiv die Kriterien, die ein neuer Standort aufweisen muss.

6) *Tourneret, Éric, de Saint Pierre, Sylla (2007):* Die Wege des Honigs. *Verlag Eugen Ulmer, Stuttgart. Seite 326.*
7) *Vgl. Kapitel „Intelligenz und Kommunikation", Seite 223.*
8) *Die Beobachtungen über die Thermoregulation des Schwarms, die der Entomologe Bernd Heinrich (Universität Kalifornien) im Jahr 1980 durchführte, wurden 2001 und 2003 von Thomas Seeley, Jürgen Tautz und Mitarbeitern im Labor der Universität Würzburg vervollständigt. Das Würzburger Labor wurde von Martin Lindauer, einem Pionier auf dem Gebiet des Schwarmverhaltens, gegründet. Seeley, T., Tautz, J. (2001):* Worker piping in honey bee swarms and its role in preparing for liftoff. *J. comp. Physiol. 187 (8), Seite 667 – 676.*
Seeley, T., Kleinhenz, M., Bujok, B., Tautz, J. (2003): Thorough warm-up before take-off in honey bee swarms. *Naturwissenschaften 90, Seite 256 – 260.*

VIELFALT UND ERFOLG

Darwins Albtraum

Pro Jahr bringt ein einziges fruchtbares Weibchen etwa 200 000 unfruchtbare Arbeiterinnen hervor, zwischen 5 000 und 20 000 Männchen und höchstens ein Dutzend fruchtbare Weibchen. Die geschlechtliche Fortpflanzung der Bienen geht völlig andere Wege als die der Säugetiere, bei denen wenige Männchen zahlreiche Weibchen befruchten können. Bei den Bienen überleben die männlichen Tiere den Geschlechtsakt nicht und die unfruchtbaren Arbeiterinnen können weder ihre spezifischen Merkmale weitergeben noch ihren Beitrag zur natürlichen Selektion leisten. Die Insektenstaaten stellten für Darwin „eine besondere Schwierigkeit“ dar, die ihm „anfangs unüberwindbar erschien und die in ihrer Gesamtheit wirklich fatal für [seine] Theorie war“.[9] Nach Darwin ist die erste Voraussetzung für die Evolution eine möglichst hohe Zahl an ausreichend differenzierten Nachkommen. Doch wie lässt sich diese Theorie mit dem Wesen der Bienen in Einklang bringen? Darwin ging davon aus, dass bei den staatenbildenden Insekten die evolutionäre Einheit die gesamte Kolonie war – und nicht die einzelnen Individuen. Die Kolonien standen in Konkurrenz miteinander, damit sich ihre Nachkommenschaft ausbreiten konnte, so wie es die Individuen anderer Arten tun.

Geschlechtlich und ungeschlechtlich

Die Honigbienenkolonien nehmen mit ihrer ungewöhnlichen Praxis von Vermehrung und Sex eine Sonderstellung im Tierreich ein. In der Regel gilt: Sich geschlechtlich fortpflanzende Tiere paaren sich und alle aus diesem Akt entstehenden Nachkommen pflanzen sich, wenn sich ihnen die Gelegenheit bietet, ebenfalls geschlechtlich fort und zeugen so eine nächste Generation.

Das ist anders bei den Honigbienen. Honigbienenvölker vermehren sich durch Teilung, sie bilden Schwärme. Der Sex dient lediglich der Aufrechterhaltung der genetischen Vielfalt in einer Bienenpopulation, die ein bestimmtes Gebiet besiedelt. Der im alten Nest zurückbleibende Teil des Volks wird von einer neuen Königin übernommen, deren Nachkommen allmählich die Nachkommen der alten, mit dem Schwarm ausgezogenen Königin ersetzen und so die genetische „Farbe“ der Kolonie komplett verändern. Es entsteht eine genetisch neue Kolonie am alten Ort. Das genetische Profil im geschwärmten Volk verändert sich nicht so schnell – es besteht so lange, wie die alte Königin am Leben ist. Erst wenn ihre Spermavorräte erschöpft sind oder sie zu schwach geworden ist, ziehen die Arbeiterinnen in diesem Volk eine neue Königin heran. So wird das genetische Erbgut auch in dieser Kolonie erneut.

[9] *Darwin, Charles (1859):* On the Origin of Species. *John Murray, London. Kapitel 7, Seite 236.*

Verwandtschaftsverhältnisse im Bienenvolk

Im Lauf der Evolution sind diejenigen Individuen erfolgreich, die mehr Nachkommen als ihre direkten Konkurrenten erzeugen und somit eine größere Anzahl von Genkopien weitergeben als die Konkurrenz. In diesem Sinne scheint eine Bienenkolonie, in der die überwältigende Mehrzahl der Individuen keine Nachkommen produziert, eine Ausnahme darzustellen. Außer der Verzicht auf Nachkommen wäre für eine Arbeiterin die beste Strategie, ihr genetisches Erbe zu vermehren. Ist das so?

Zum Verständnis der komplizierten Genetik einer Bienenkolonie gelangt man durch folgende Überlegung: Sich entsprechende Gene, die an gleicher Stelle auf den beiden sich entsprechenden Chromosomen der diploiden Organismen sitzen und die das gleiche Merkmal beeinflussen, heißen Allele. Allele können in unterschiedlicher Form auftreten und so die Basis für die Variabilität der Gene bilden. Dabei werden sie nicht nur von Eltern zu Kindern weitergegeben und meist sogar vermehrt, sondern es existieren ebenfalls Kopien von Allelen in Geschwistern und deren Kindern, in Cousins und Cousinen, in Onkeln und Tanten – in der gesamten leiblichen Verwandtschaft. Die Wahrscheinlichkeit, auf ein gleiches Allel zu stoßen, sinkt jedoch, je entfernter verwandt das betrachtete Wesen ist. Hinsichtlich der Ausbreitung in einer Population kann es dem einzelnen Allel vollkommen gleichgültig sein, in welchem Träger es unterwegs ist. Treten die Allele entsprechend häufig in der Verwandtschaft auf, ist es keineswegs ein Nachteil, einen Verwandten in der Erzeugung und Aufzucht von Jungen zu unterstützen und selbst auf eigene Nachkommen zu verzichten. Exakt das finden wir bei den Honigbienen.

Honigbienen zeigen einen ganz besonderen Mechanismus zur Festlegung des Geschlechts einer sich entwickelnden Biene. Bienen aus unbefruchteten Eiern starten mit einem einzigen Chromosomensatz, sie besitzen von jedem Gen nur ein einziges Allel. Bienen aus befruchteten Eiern haben zwei Chromosomensätze. Honigbienen besitzen ein einziges Gen zur Geschlechtsbestimmung, das in unterschiedlichen Allelen auftreten kann. Ist eine Biene für diese Gen homozygot, das heißt, besitzt sie dafür nur eine Allelform, entsteht ein männlicher Organismus. Besitzt die Biene für dieses Gen zwei unterschiedliche Allele, entwickelt sich ein Weibchen.

Diese Art der Geschlechtsbestimmung über die Anzahl der Chromosomensätze (Haplodiploidie) hat seltsame Konsequenzen: Männchen haben keine Väter, da sie aus unbefruchteten Eiern entstehen, und Männchen haben keine Söhne, sondern höchstens Enkelsöhne. Die Töchter von einem Vater und einer Mutter haben untereinander mehr Allele gemeinsam, als sie mit ihren eigenen Kindern hätten.

Vorige Seite: An sehr heißen Tagen fächeln Arbeiterinnen auf dem Flugbrett mit ihren Flügeln, sodass ein Luftstrom entsteht, der der Kolonie Abkühlung verschafft. Die Anzahl der Fächelbienen hängt vom Bedarf ab: Einige Bienen fächeln bei den ersten kleinen Temperaturabweichungen, andere hingegen werden erst bei höheren Temperaturen tätig.

Begattungsstationen bzw. Belegstellen ermöglichen die Selektion und Bewahrung von Bienenlinien. Sie liegen isoliert, damit die Königinnen vor jeder unerwünschten Befruchtung durch fremde Bienenvölker geschützt sind. Die Belegstelle von Bonatchiesse im Bagnes-Tal (im Schweizer Wallis) hat sich der Kärntner Biene, *Apis carnica*, verschrieben. Sie wurde 1876 von der Société Romande d'Apiculture gegründet. Die hier abgebildeten Bienenstöcke sind in Vierergruppen angeordnet, damit nur eine geringe Anzahl Bienen sich der Aufzucht widmen muss, da sich die vier Kolonien gegenseitig warm halten.

Die von etwa 15 Männchen befruchtete Königin gibt an alle ihre Töchter die Hälfte ihres genetischen Erbguts weiter. Von ihrem Vater erben die Töchter sämtliche Gene, da er aus einem unbefruchteten Ei stammt und somit haploid ist.

Drohnen sind echte Athleten: Sie sind leistungsfähige Flieger mit feinem Geruchssinn und scharfem Sehvermögen. Für die Paarung müssen sie sich mehrere Kilometer weit vom Bienenstock entfernen, die Königin anhand der von ihr abgegebenen Pheromone ausfindig machen und sie im Flug befruchten. Wenn die Zeit der Hochzeitsflüge anbricht, begeben sie sich jeden Tag auf das Anflugbrett, wo sie ihre Gliedmaßen dehnen, ihre Flugmuskulatur aufwärmen, ihre Antennen und die riesigen Augen putzen, um sich dann auf die Suche nach einer jungfräulichen Königin zu machen.

Doch es wird noch komplexer ... Alle Allele des haploiden Vaters werden an jede Tochter weitergegeben. Oder anders ausgedrückt: Der Vater findet jedes seiner Allele in jeder seiner Töchter wieder. Die statistische Wahrscheinlichkeit dafür, die gleichen Allele in der diploiden Mutter und ihren diploiden Töchtern zu finden, ist aber nur halb so hoch, da eine Mutter in jede ihrer Eizellen genau die Hälfte ihrer Allele packt. Eine Mutter findet also im Mittel die Hälfte ihrer Allele in einer bestimmten Tochter wieder. Die Wahrscheinlichkeit dafür, bei dem Vergleich von Vollschwestern[10] auf die gleichen Allele zu treffen, ergibt sich durch die Zusammenfassung der Erkenntnisse der vater- und mutterbezogenen Betrachtungen: Das Erbgut eines Bienenweibchens stammt zur Hälfte vom Vater und ist bei allen Vollschwestern identisch. Die andere Hälfte des Erbguts wird mütterlicherseits weitergeben und ist für jedes Gen nur mit der Hälfte der Wahrscheinlichkeit identisch, da die Mutter ja für jedes Gen zwei unterschiedliche Allele anzubieten hat. Statistisch gesehen besitzt das gesamte Erbgut 50 % von 50 %, also 25 % Identität. Addiert man nun die beiden Werte, die sich aus der Weitergabe der Allele von Vater und Mutter ergeben, erhält man für den Vergleich der Schwestern untereinander 50 % + 25 % = 75 % oder r = 0,75 genetische Verwandtschaft.

Honigbienenschwestern besitzen im statistischen Mittel dreiviertel ihrer Allele gemeinsam. Zur Verbreitung der eigenen Gene kann ein Bienenweibchen demnach nichts Klügeres tun, als auf eigene Kinder zu verzichten und stattdessen ihrer Mutter zu helfen, so viele ihrer Schwestern wie möglich auf die Welt zu bringen.

10) Alle Bienen einer Kolonie haben dieselbe Mutter, aber nur ein Teil der Bienen – die sogenannten Vollschwestern – haben auch denselben Vater.

Halbschwestern – jetzt wird's kompliziert

Die Königin wird einmal in ihrem Leben von mehreren Drohnen begattet, deren Samenzellen sie in ihrem Hinterleib aufbewahrt. Aus dem Samenvorrat befruchtet sie für den Rest ihres drei- bis fünfjährigen Lebens ihre Eizellen. Dabei können echte Schwestern entstehen oder Halbschwestern, die die gleiche Mutter und zwei unterschiedliche Väter besitzen. Halbschwestern haben nur die mütterlichen Gene gemeinsam, das heißt 25 % ihres Genoms.

Kennen die Bienen des gleichen Bienenstocks ihren Verwandtschaftsgrad? Können sie ihn am Geruch erkennen? Die chemische Signatur ihres Stammbaums imprägniert die feine Wachsschicht, welche die Kutikula – das Außenskelett der Bienen – schützt. Im Jahr 1996 führte Gérald Arnold ein Experiment durch[11], um herauszufinden, ob Halbschwestern die olfaktorische Signatur ihrer jeweiligen Linien beibehalten oder ob diese im Bienenstock verfliegt – überdeckt von der Vielzahl der dort vorherrschenden Düfte. Die Wissenschaftler zogen drei Gruppen von Arbeiterinnen auf: voneinander getrennt, in Zehnergruppen und in Freiheit innerhalb des Bienenstocks. Fünf Tage später wurden die Bienen der drei Gruppen individuell analysiert. Zum einen hat man mittels ihrer DNA die Geschwisterzugehörigkeit ermittelt, zum anderen wurde ihr kutikulares Kohlenwasserstoffprofil festgestellt. Die Analysen zeigten 16 unterschiedliche Schwestern, von denen jede eine charakteristische chemische Signatur aufwies: Die Aufzuchtbedingungen hatten bei den Bienen keinerlei signifikante Unterschiede bei der Zusammensetzung und Präsenz der Signaturen hervorgerufen. Können die Bienen mit ihrem feinen Geruchssinn wahrnehmen, was die Analyse gezeigt hat?

Zu diesem Thema wurden zwei Studien durchgeführt, bei denen die Forscher den Extensionsreflex des Bienenrüssels (Proboscis)[12] nutzten. Die erste Studie[13] befasste sich mit dem Wachs der Waben, das die gleiche Zusammensetzung aufweist wie die Wachsschicht der Kutikula. Hier konnten die Bienen zwischen den drei Wachssorten, die man ihnen präsentierte, unterscheiden: Ein Wachs war eine Woche vor dem Experiment hergestellt worden, das zweite zwei bis drei Jahre zuvor und das dritte acht bis zehn Jahre früher. Bei der zweiten Studie[14] ergab die Analyse der chemischen Zusammensetzung der kutikularen Wachse von Drohnen und verschiedenen Arbeiterinnen, dass alle einen eigenen kutikularen Duft aufwiesen. Die am Experiment beteiligten Bienen konnten perfekt unterscheiden, ob es sich um den Duft eines Drohns oder einer Arbeiterin handelte und ob die Arbeiterin eine Ammenbiene, Lagerverwalterin oder Sammlerin war. Dank ihrer hochsensiblen olfaktorischen Rezeptoren nimmt eine Arbeiterin winzige Unterschiede in der Zusammensetzung des kutikularen Wachses wahr. Sie ist tatsächlich in der Lage festzustellen, ob es sich bei der Biene, die sie mit ihren Antennen berührt, um eine echte Schwester oder um eine Halbschwester handelt.

Erzeugt dieses Wissen Vorlieben im Verhalten, beispielsweise in der täglichen Zusammenarbeit oder sogar in der Aufzucht der zukünftigen Königin der Kolonie? Diese Frage war bereits Gegenstand zahlreicher Studien und Kontroversen – bislang ohne definitive Antwort. Wir wissen jedoch sicher, dass der bemerkenswerte Kooperationsgeist aller Individuen einer Kolonie sich nicht allein durch ihre Verwandtschaftsbande erklären lässt.

Ein Vater, eine Sensibilität, ein Verhalten

Die genetische Vielfalt des Superorganismus, die durch das Zusammenwirken der zahlreichen Linien väterlicherseits gewährleistet wird, ist von größerem Interesse als der genetische Erfolg des Individuums. Einerseits werden dadurch Probleme von Inzucht vermieden, andererseits erzeugt die Vielfalt der Linien ein großes Spektrum an Verhaltensweisen in der Kolonie, wie beispielsweise die Reaktion auf Krankheitsbefall[15], auf Parasiten oder auf beliebige Ereignisse von außen. Seit einem deutsch-chinesischen Projekt aus dem Jahr 2007[16] ist es möglich, den Vater einer Arbeiterin zu identifizieren, ohne sie dafür opfern zu müssen: Man untersucht

11) *Arnold, G. et al. (1996):* Kin recognition in honeybees: genetic basis of cuticular hydrocarbon production in natural conditions. *Nature, 379 (6565), Seite 498.*

12) *Diese häufig verwendete Versuchsanordnung wird PER genannt (probascis extension reflex). Eine Biene wird so trainiert, dass sie zum Beispiel ein Motiv, einen Geruch oder Wachs – wie im Fall der beiden erwähnten Studien – mit einer süßen Belohnung assoziiert. In der Folge reicht es aus, ihr das Wachs zu zeigen, damit sie reflexartig ihren Rüssel ausstreckt.*

13) *Fröhlich, B., Riederer, M., Tautz, J. (2000):* Comb wax discrimination by honeybees tested with the proboscis extension reflex. *Journal of Experimental Biology, Nr. 203, Seite 1581 – 1587.*

14) *Fröhlich, B., Riederer, M., Tautz, J. (2001):* Honeybees discriminate cuticular waxes based on esters and polar components. *Apidologie, Band 32, Nr. 3, Seite 265 – 274.*

15) *Eine Studie bestätigte die positive Auswirkung der multiplen Paarung auf die Widerstandsfähigkeit der Kolonie gegenüber Infektionskrankheiten: Tarpy, David R. et al. (2013):* Genetic diversity affects colony survivorship in commercial bee colonies. *Naturwissenschaften, 100, Seite 723 – 728, doi: 10.1007/s00114-013-1065-y.*

16) *Albert, S., Chen, S., Du, H., Maier, S., Su, S., Tautz, J., Zhang, S. (2007):* Non-destructive genotyping and genetic variation of fanning in a honeybee colony. *Journal of Insect Physiology, 53, Seite 411 – 417, doi: 10.1016/j.jinsphys.2007.01.002.*

Oft kann man Drohnen beobachten, wie sie sich auf einem Blatt ausruhen. Die Vielfalt bei den Vätern erzeugt vielfältige Verhaltensweisen der Bienen: Sie ermöglicht der Kolonie variable Reaktionen auf Ereignisse von außen.

Die multiplen Vaterschaften kommen auf diesem Bild, auf dem sich tiefschwarze Bienen Seite an Seite mit orangefarbenen tummeln, ganz offensichtlich zum Ausdruck. Es handelt sich um Halbschwestern, die nur 25 % ihrer Gene gemeinsam haben. Diese Zahl erhöht sich auf 75 %, wenn sie den gleichen Vater und die gleiche Mutter haben. Dann sind sie sogenannte „Superschwestern“, auch Vollschwestern genannt

Ein abflugbereiter Drohn mit nach vorn gerichteten Antennen entfaltet seine ganze Größe auf dem Flugbrett. Die täglichen Ausflüge der Männchen, bei denen sie – oft vergeblich – nach einer paarungsbereiten Königin Ausschau halten, können über eine halbe Stunde lang dauern.

ihre Larvenhaut, die die Biene beim Schlupf aus der Zelle zurücklässt. Stattet man die geschlüpfte Biene mit einem RFID-Chip aus und kennt ihr genetisches Material, lassen sich ihre Verhaltensweisen beobachten und Rückschlüsse auf ihre Linie ziehen.

Aus manchen Vätern gehen beispielsweise hypersensible Arbeiterinnen hervor, die auf jede kleinste Temperaturänderung sofort reagieren, indem sie die Brut schnellstens erwärmen. Wenn die Temperatur weiter absinkt, eilen andere Arbeiterinnen mit einer anderen väterlichen Linie den hochsensiblen Bienen zu Hilfe und wieder andere werden erst bei sehr niedrigen Temperaturen tätig. So kommen innerhalb des Bienenvolks sämtliche Stufen von Sensibilität zum Ausdruck, was letztendlich die Stärke der Kolonie ausmacht. Würden alle Arbeiterinnen gleichzeitig heizen oder belüften, würde die Innentemperatur wie ein Jo-Jo ständig hin- und herpendeln. Dank der variablen Verhaltensweisen kann der Superorganismus die Intensität seiner Reaktionen auf Störungen in seiner Umgebung anpassen – und das in allen Lebensbereichen.

Doch die unterschiedlichen Linien väterlicherseits sind allein noch keine Erklärung für die Fülle an Verhaltensweisen im Volk.

Wenn die Temperatur den Charakter prägt

Jede Eigenschaft eines Lebewesens bildet sich aus dem Wechselspiel vom Umwelt und Genetik aus. Wirkt die Umwelt direkt auf den Einfluss der Gene, spricht man von Epigenetik. Die Honigbienen sind Meister der Epigenetik. So kann aus genetisch identischen Anlagen entweder eine Arbeiterin oder eine Königin entstehen – je nach Fütterung der Larve.

Aber auch subtilere Unterschiede in den Eigenschaften der Bienen sind vom Bienenvolk epigenetisch beeinflussbar: Arbeiterinnen können über Temperaturunterschiede den Charakter ihrer Schwestern beeinflussen, während diese noch in ihren verschlossenen Zellen ruhen. Zum Wärmen der Brut wenden die Bienen sehr viel Energie auf und haben bemerkenswerte biologische Fähigkeiten bzw. Verhaltensweisen entwickelt. Sie halten die kleine Population aus Eiern, Larven und Puppen konstant auf einer Temperatur zwischen 33 °C und 36 °C. Das stellt bei extrem unterschiedlichen Außentemperaturen – Minusgrade zu Jahresbeginn, wenn die Eiablage nach der Winterpause einsetzt, und über 40 °C im Hochsommer – eine echte Herausforderung dar. Mithilfe von winzigen Wärmesensoren, die im Innern der verschlossenen Brutzellen angebracht wurden, konnten mehrere erstaunliche Feststellungen gemacht werden: Jede einzelne Puppe profitiert von einer konstanten Durchschnittstemperatur, wobei dieser Durchschnitt aus Schwankungen von plus/minus 1 °C in einem Zeitraum von 30–60 Minuten ermittelt wird. Diese Schwankungen sind innerhalb der Brut nicht homogen (wie es der Fall sein müsste, wenn das Ziel darin bestünde, die Brut auf einer konstanten Temperatur zu halten), sondern von Zelle zu Zelle verschieden. So kann die Temperatur in der Zelle einer Puppe ansteigen, während diejenige in der Nachbarzelle absinkt – die beobachteten Durchschnittswerte lagen bei manchen Puppen bei 33 °C, bei anderen bei 36 °C. Anders ausgedrückt: Die Puppen werden bei verschiedenen Temperaturen aufgezogen. Im weiteren Verlauf der Studie konnte der Grund dafür ermittelt werden.

In einem künstlich angelegten Brutnest entwickelten sich die Puppen bei unterschiedlichen Temperaturen. Bekanntermaßen üben Arbeiterinnen im Lauf ihres Lebens mehrere Aufgabenbereiche aus – abhängig von ihrem Lebensalter und den Bedürfnissen der Kolonie. Bei dem Experiment mit der künstlichen Brut konnte ein weiterer entscheidender Faktor für den Lebenslauf einer Biene ermittelt werden: die Temperatur in ihrer Brutzelle. Die bei einer niedrigeren Temperatur aufgezogenen Puppen übten bevorzugt Tätigkeiten im Innern der Kolonie aus. Die Puppen mit der höchsten Temperatur (36 °C) übernahmen vorwiegend Arbeiten im Außenbereich – sie betätigen sich am häufigsten als Kundschafterinnen und Tänzerinnen.

Auch bei anderen Insektenarten beeinflusst die Temperatur während der unterschiedlichen Metamorphosestadien – von der Larve bis zum vollständigen Insekt – das Leben des erwachsenen Tiers. Allerdings sind die Bienen die einzigen Insekten, die durch die Tätigkeit der Heizerbienen beeinflussen können, welche Eigenschaften eine Arbeiterin bekommt. Die hochkomplexen Rückkopplungen im Bienenvolk rund um epigenetische Phänomene, die wir erst ansatzweise zu verstehen beginnen, ermöglichen den Bienen bemerkenswerte Anpassungsfähigkeiten.

Das ist das Genie der Bienen.

Das Brutnest wird auf einer konstanten Temperatur von etwa 35 °C gehalten. Allerdings erfahren die Puppen derselben Generation nicht die gleichen Temperaturen. So kann die eine bei 33 °C, eine andere bei 36 °C großgezogen werden. Diese Abweichungen führen zu signifikanten Unterschieden im Verhalten der erwachsenen Bienen.

Die Aufzuchttemperatur beeinflusst die Wahrscheinlichkeit, mit der eine Arbeiterin eine bestimmte Tätigkeit ausüben wird, sowie die Qualität ihrer Arbeit. Die bei niedrigeren Temperaturen aufgezogenen Bienen zeigen besondere Qualitäten als Ammen- oder Baubiene.

Bienen, die ihr Puppenstadium bei durchschnittlich 36 °C durchlebt haben, zeigen eine Neigung für Tätigkeiten im Freien: als Nektar-, Pollen- oder Propolissammlerin, Wasserträgerin oder Kundschafterin.

Beim Öffnen des Bienenstocks bietet sich einem der immer wieder ergreifende Anblick von unzähligen Bienen bei der Arbeit. Hier handelt es sich um ein gesundes Bienenvolk von mindestens 60 000 Individuen.

Das Heidekraut hat die Höhenzüge von Villefort (Lozère) violett gefärbt. Es bietet den Bienenvölkern eine gute Nektarquelle. Trockenheit und Wind lassen die sehr empfindlichen Blüten schnell welken, ein Gewitter kann dagegen die Nektarproduktion wieder in Gang bringen.

Éric Tourneret ist seit fast 30 Jahren als Fotojournalist tätig. Bienen – denen er bereits 15 Jahre Arbeit gewidmet hat – sind für ihn das Fundament der überquellenden Natur. Die außergewöhnlichen Fotos, zu denen sie ihn inspiriert haben, waren auf der ganzen Welt zu sehen. Er geht vom Mikrokosmos des Bienenstocks bis zur großen Reportage, indem er die ganze Palette von Fototechniken und Stilen ausbreitet und dabei stets versucht, Emotionen und Bewunderung zu transportieren und zu teilen.

Sylla de Saint Pierre hat die reichhaltigen Texte zu diesem Werk verfasst, inspiriert von ihrer Faszination und Liebe zu den Bienen und von den hartnäckigen Recherchen, die ein Erbe ihrer Verlagslaufbahn sind. Nunmehr teilt sie ihre Zeit zwischen Coaching und Schreiben auf und vereint dabei zwei Dinge, die ihr am Herzen liegen: einen Beitrag zur Bewahrung der Natur zu leisten – oberste Voraussetzung für das Überleben der Menschheit – und die unendliche Schönheit der Natur zu vermitteln.

Jürgen Tautz verdankt Martin Lindauer, seinerseits ein Schüler von Karl von Frisch, seinen Umstieg in späten Jahren auf die Bienenforschung. Er ist Professor Emeritus an der bayerischen Julius-Maximilian-Universität und Gründer der BEEgroup, die sich auf die Grundlagenforschung der Biologie der Bienen konzentriert. Außerdem fördert er aktiv die Wissenschaften in der breiten Öffentlichkeit mit seinen Projekten HOBOS (HoneyBee Online Studies, www.hobos.de) und we4bee, Onlineforschungs- und Bildungsplattformen, die es Wissenschaftlern, Studenten, Schülern und allen anderen Menschen ermöglichen, auf Daten von vernetzten Bienenstöcken zuzugreifen und selbst aktiv an der Erforschung der Bienen teilzuhaben.

Von den gleichen Autoren:

Ma ruche en ville, Fotos von Éric Tourneret, Text von Nicolas Géant, Agrément, 2011.

Cueilleurs de miel, Fotos von Éric Tourneret, Text von Sylla de Saint Pierre, Vorwort von Pierre Rabhi, Rustica, 2009.

Le peuple des abeilles, Fotos und Text von Éric Tourneret, Vorwort von Hubert Reeves, Rustica, 2007.

Phänomen Honigbiene, Text von Jürgen Tautz, Fotos von Helga R. Heilmann, Spektrum Akademischer Verlag, 2007.

Die Honigfabrik. Die Wunderwelt der Bienen – eine Betriebsbesichtigung, Text von Jürgen Tautz und Diedrich Steen, Gütersloher Verlagshaus, 2017.

Die Erforschung der Bienenwelt, Neue Daten – neues Wissen, Text von Jürgen Tautz, Bilder aus dem HOBOS-Team, Audi Stiftung für Umwelt GmbH und Klett MINT GmbH, 2015.

Ebenso im Verlag Eugen Ulmer erschienen:

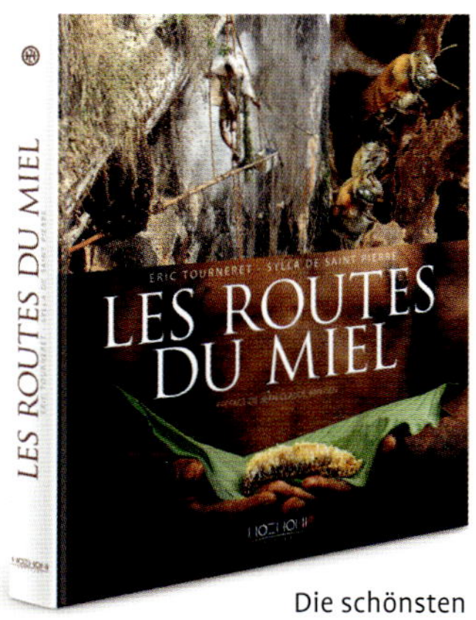

Die schönsten Aufnahmen des Bienenfotografen. Fotos aus 23 Ländern der Welt.

Die Wege des Honigs, Fotos von Èric Tourneret, Text von Sylla de Saint Pierre, Verlag Eugen Ulmer, 2017. Ob in den Gipfeln der Baumriesen Indonesiens, an den Felswänden des Volks der Irula, im Omo-Tal, in der Türkei, in Brasilien oder im australischen Busch bei den erstaunlichen Honigameisen – Éric Tourneret lädt uns auf die faszinierendsten „Wege des Honigs" ein.

Der erklärte Abenteurer und Bienenfotograf hat in einem Zeitraum von rund zehn Jahren in 23 Ländern erstaunliche Schnappschüsse gemacht. Hier zeigt er seine Reiseimpressionen, die von Sylla de Saint Pierre gesammelt wurden. Textbeiträge von zehn renommierten Wissenschaftlern verdeutlichen die unverzichtbare Rolle der Bienen für die Biodiversität unserer Erde.

Ein außergewöhnlicher Bestseller!

BESONDERER DANK

An Professor Martin Giurfa, Direktor des Centre de Recherches sur la Cognition animale (CNRS – Universität Toulouse) für die reichhaltigen Materialien, die er uns über die Intelligenz der Bienen zur Verfügung gestellt hat, und an Professor Axel Decourtye vom französischen Bieneninstitut ITSAP für seine Informationen und Aufklärung über die Ursachen für das Bienensterben.

An unseren Herausgeber Bernard Chevilliat, der uns mit seinem Bienenwissen kundig unterstützt hat, an Edwige mit ihren Luchsaugen und ihren Ehemann und Imker Éric, der sein Zweitlektorat dem ihren folgen ließ, an Patrice Brousseaud für die Qualität seiner künstlerischen Gestaltung, an Christine Courtois, an Nuriel Lux und an das gesamte Team von Éditions Hozhoni.

An alle Bienenschützer, die UNAF (Union Nationale de l'Apiculture Française) und ihr Sprecher Henri Clément, der sich für ein Interview bereit erklärte, die SNA (Syndicat national apicole) und ihr Präsident Franck Aletru und an alle Bienenbegeisterte – Verbände, Juristen, Wissenschaftler, Imker, Bio-Landwirte ..., die sich für Naturschutz engagieren und die so zahlreich sind, dass man sie nicht alle hier aufzählen kann.

DANKSAGUNG

An alle Imker, die zu diesem Werk beigetragen haben: Arrate Cabrero Aransay, Bienenveterinär im Baskenland, Carlos Cordoba und Julio Aldao de Victoria aus Argentinien für ihre wertvolle Unterstützung, Charles Vareilles für unsere gemeinsamen Momente, Julien Picard und Romain Bessellère aus Saint-Vincent-de-Durfort für ihre Geduld und ihr Lächeln, Pascal Thiry von der Imkerei l'Escoutay in Montélimar (Buckfast Frankreich), Tomas und Ricardo für ihre unschätzbare Hilfe bei der Realisierung der Aufnahmen von der Befruchtung einer Königin, Damien Merit für seine sachbezogenen Beobachtungen der Königinnen und sein kundiges Zweitlektorat, Damien Blampey für seine beispielhafte Sparsamkeit, Ben Brown aus Australien, Bienen- und Frankreichliebhaber, die Familie Boulet aus Bormes-les-Mimosas für ihre warmherzige Aufnahme, Georges Bonnet und Monique Rivière, Hersteller von Gelée royale aus Coussac-Bonneval, Bernard Fraisse aus Claret (Hérault) für seine Unterstützung von Anfang an – das heißt, seit 15 Jahren –, Denis Cassalda und Nicolas Mattéo aus Korsika, Maurice Rouvière aus Lédignan (Gard) für sein Engagement bei der Schaffung einer pestizidfreien Zone in Zusammenarbeit mit den ortsansässigen Bio-Winzern, Marie-Hélène Castay vom Verein Erleak aus Bayonne und Denise Schaerer aus Konstanz für ihr Vertrauen, unseren Freund Stéphane Levrero und das Maison de l'Abeille in Cassagnoles (Hérault), Arthur Grossman, Reiseschriftsteller, für seine Brassens-Lieder in sternenklarer Nacht, Pierre de la Rue du Can aus Saint-André-Capcèze (Lozère) für seine Entdeckung der Baumstamm-Bienenstöcke, Éric Lelong (Hérault), die Société Romande d'Apiculture ...

An die Pressedienste von CNRS und INRA für ihre bemerkenswerte populärwissenschaftliche Arbeit, welche die Dokumentationsrecherche stark vereinfacht hat.

An das Rathaus von Veyras (Ardèche), an Marie Vioujard, Ludovic und Karine von Natur Direct für den freundschaftlichen Austausch.

An unsere Familien und Freunde aus Saint-Michel-de-Chabrillanoux für ihre warmherzige und inspirierende Menschlichkeit: Clara, Tiphaigne, Théophile, Aude, Julie, Ninon, Lilou, Marcel, Aurel, Pierre, Fred, Nico, Fanfan, Julien, Jean-Daniel, Michel, Gérard, Christian, Georges, Alja, Beb ... und alle Mitglieder des Al-Dente-Chors mit seiner kommunikativen Energie.

Und besonders an diejenigen, die für dieses Buch herangezogen wurden: Élisabeth Clémentz und Joséphine de Boisséson für ihre Einsatzbereitschaft, Julien Bossert für seine Aufklärung über die Schwingungswellen, Catherine Sallier, Mitbegründerin von GPRD (Groupement des producteurs de Gelée royale), für das Zweitlektorat des Kapitels „Die Königin".

An Fabien und Aurélia, die uns mit ihrem Gesang auf unserem Lebensweg begleiten.

IMPRESSUM

555, chemins des Traverses – 07200 Lachapelle-sous-Aubenas – France

Titelfoto: Éric Tourneret

Bibliografische Information der Deutschen Nationalbibliothek

Die Deutsche Nationalbibliothek verzeichnet diese Publikation in der Deutschen Nationalbibliografie; detaillierte bibliografische Daten sind im Internet über http: // dnb.d-nb.de abrufbar.

Wollgrasweg 41, 70599 Stuttgart (Hohenheim)
E-Mail: info@ulmer.de
Internet: www.ulmer.de

Text und Lektorat: Angelika Sust
Projektleitung: Kathrin Gutmann
Herstellung: Katharina Merz
Umschlag-Konzeption: Ruska, Martín, Associates GmbH, Berlin
Umschlag-Gestaltung: Verlag Eugen Ulmer
Satz: BUCHFLINK Rüdiger Wagner, Nördlingen
Reproduktion: timeRay Visualisierungen, Jettingen
Druck und Bindung: Livonia Print, Riga, Lettland
Printed in Latvia

ISBN 978-3-8001-7999-2

MIX
Papier aus verantwortungsvollen Quellen
FSC® C002795